高等职业教育 **烹饪工艺与营养** 专业教材

调酒技术

主　编　李雅超

副主编　郑　昕　欧婧怡

参　编　王　苹

重庆大学出版社

内容提要

本书是一本全面介绍调酒技艺的书籍。本书从调酒的基础知识入手，涵盖了酒类知识、调酒工具使用、常见酒款制作技巧，以及创新调酒方法，不仅详细介绍了经典鸡尾酒的配方和制作方法，还教授读者如何根据个人口味和场合需求，进行调酒的创新与搭配。此外，本书还提供了调酒师技能训练指导，帮助读者在调酒领域实现自我提升，因此无论是调酒爱好者还是专业人士，都能在本书中找到宝贵的知识和灵感。

本书可以作为职业教育烹饪、酒店、旅游的专业教材，也可以作为调酒爱好者的参考书。

图书在版编目（CIP）数据

调酒技术 / 李雅超主编. -- 重庆：重庆大学出版社，2024.8. --（高等职业教育烹饪工艺与营养专业教材）. -- ISBN 978-7-5689-4801-2

Ⅰ. TS972.19

中国国家版本馆CIP数据核字第20242PN881号

高等职业教育烹饪工艺与营养专业教材

调酒技术

主　编　李雅超
策划编辑：沈　静
责任编辑：张红梅　　版式设计：沈　静
责任校对：王　倩　　责任印制：张　策

*

重庆大学出版社出版发行
出版人：陈晓阳
社址：重庆市沙坪坝区大学城西路21号
邮编：401331
电话：（023）88617190　88617185（中小学）
传真：（023）88617186　88617166
网址：http://www.cqup.com.cn
邮箱：fxk@cqup.com.cn（营销中心）
全国新华书店经销
重庆正文印务有限公司印刷

*

开本：787mm×1092mm　1/16　印张：10.5　字数：263千
2024年8月第1版　　2024年8月第1次印刷
印数：1—1 000
ISBN 978-7-5689-4801-2　定价：49.00元

PREFACE
前　言

美酒有着多变的色泽、复杂的风味和悠久的历史。美酒不仅可以满足人们的口腹之欲，还是一种文化符号，也是了解世界不同国家和民族的窗口。随着我国对外经济、文化交流越来越频繁，不同国家和地区的酒水越来越多地走到我们面前。了解和掌握酒水知识是烹饪及相关专业的重要课题。

近年来，党和国家高度重视职业教育，党的二十大报告提出："育人的根本在于立德。"为全面贯彻党的教育方针，落实立德树人根本任务，本书编写采用一体化教学的方式归纳知识点、技能点，充分利用学习任务驱动的教学方法，在每个项目设有素质目标，引导学生树立正确的职业道德，培养学生作为烹饪工作者应具有的职业精神和责任意识，旨在突出"以就业为导向，以能力为本位，以发展技能为核心"的职业教育培养理念，全面提高学生的思维能力和实践能力，致力于培养实用型、技能型专业人才。

本书内容分为鸡尾酒概述、朗姆酒和朗姆鸡尾酒调配、伏特加和伏特加鸡尾酒调配、金酒和金酒鸡尾酒调配、龙舌兰酒和龙舌兰鸡尾酒调配、威士忌和威士忌鸡尾酒调配、白兰地和白兰地鸡尾酒调配、其他酒水和鸡尾酒调配8个项目。本书本着以实用为主、以够用为度的原则，为学生的就业和实际操作奠定良好的基础。

本书由广东省深圳鹏城技师学院李雅超担任主编，负责项目1至项目7的编写；郑昕、欧婧怡担任副主编，负责项目8的编写；王苹参与编写，负责资料的整理和收集。本书由深圳鹏城技师学院给予经费资助。

由于编者水平有限，书中若有不足之处，衷心希望读者能够指出并提出宝贵建议，以便进一步修订完善。

编　者

2024年5月

目　录

项目6　威士忌和威士忌鸡尾酒的调配

项目7　白兰地和白兰地鸡尾酒的调配

项目1

鸡尾酒概述

知识目标

1. 了解鸡尾酒的起源。

2. 理解鸡尾酒的构成。

3. 掌握鸡尾酒的常用术语。

4. 掌握品酒的简单步骤。

技能目标

1. 了解鸡尾酒杯的外形和使用方法。

2. 掌握制作鸡尾酒工具的使用方法。

3. 掌握鸡尾酒的调配技法。

4. 熟悉调配鸡尾酒的常用计量单位。

素质目标

1. 通过仪容仪表、调酒师礼仪的学习，培养学生的基本职业素养，提升自身的形象气质。

2. 树立正确的人生观和价值观，理解爱国、爱岗、敬业的内涵。

推荐课时：6课时。

鸡尾酒是由两种或两种以上原料混合而成的含酒精饮品，是一种混合饮品。由于鸡尾酒的精神内核是自由，因此会出现各式奇特的不符合常规的鸡尾酒。

任务1　历史起源

（1）酒吧的起源

相传美国西部大开发时期，牛仔们很喜欢聚在一起喝酒，为此出现了一些贩卖酒水的地方。由于牛仔们都是骑马而来，因此贩酒老板们就在门前或在吧台设了几根横木，用来拴马或者放脚。横木在英语里是"bar"，人们索性称贩卖酒水的地方为"bar"，中文音译为"酒吧"。

后来汽车取代了马匹，骑马的人逐渐减少，这些横木多被拆除。但一些贩酒老板为了招揽生意，不愿意扔掉那些已经成为酒吧象征的横木，便把它们拆下来放在柜台下面供客人搭脚，得到了客人的认可。很多新开的酒吧纷纷效仿，这种做法越来越普及，人们至今把这种场所称为"bar"。

（2）鸡尾酒的起源

有一个流传很广的说法，鸡尾酒起源于美国。美国没有自己独有的酒水，便将各个国家著名的酒水掺和在一起，成为具有自己独特文化的鸡尾酒，每个看到这种说法的人都不由得会心一笑。

关于鸡尾酒具体的起源有各种不同的说法。

说法之一：1776年，美国纽约州有一家用鸡尾羽毛做装饰的酒馆，生意很不错。一天，在各种酒都快卖完的时候，几个军官走进来要买酒喝。但酒水不够了，这时酒馆里有一位叫贝特西的女侍者灵机一动，把所有剩酒统统倒在一起，并随手从一只大公鸡身上拔了一根毛将酒搅匀后，端出去给那些军官。军官们品不出酒的味道，只觉得是从未尝过的好味道，就问贝特西这是什么酒，贝特西随口答道是鸡尾酒。一位军官听了这个词，高兴地举起酒杯，高喊一声："鸡尾酒万岁！"从此，"鸡尾酒"之名便流传开来。

传说之二：1775年，彼列斯哥移居美国纽约阿连治，他在市中心开了一家药店，制造各种酒卖给顾客。一天，他把鸡蛋调入药酒中出售，酒的口味不错，获得一片赞许之声，从此生意好得不得了。当时纽约阿连治地区的人多说法语，他们用法国口音称为"科克车"，后来衍生为英语"鸡尾"，而类似调配酒水的方法被称为"鸡尾酒"。

传说之三：在美国独立时期，纽约附近有一间酒馆生意很不错，经营者是一个名叫拜托斯的爱尔兰籍姑娘，一些美国和法国的官员经常到这家酒馆饮用一种称为"布来索"的混合兴奋饮料。酒酣之际，这些人经常拿拜托斯开玩笑，把她比作一只小母鸡取乐。一天，拜托斯气极了，便从农民的鸡窝里找出一根雄鸡尾羽，插在"布来索"杯中，送给客人们饮用，以讽刺这些客人。客人们见状很惊讶，没有理解其中的含义，只觉得分外漂亮，有一个客人随口高声喊道"鸡尾万岁"。从此，加以雄鸡尾羽的"布来索"就变成了"鸡尾酒"。

任务2　鸡尾酒的构成

一杯基础的鸡尾酒包括基酒、配料和装饰料，如图1.1所示。

图1.1　鸡尾酒的构成

1）基酒

基酒又称酒基、底料、主料，是一款鸡尾酒的基础要素，是整杯酒的底色，为鸡尾酒的整体风格奠定了基础。基酒通常是烈酒，但有的鸡尾酒以酿造酒或香甜酒为基酒，如同食谱一般，在酒方中第一个被列出的通常是基酒。

一杯好的鸡尾酒是所有材料的完美融合，既有美味的基酒作为风味基础，也有其他材料突出特色，达到色香味形俱佳的效果。传统的西方鸡尾酒的基酒包括朗姆酒、白兰地、伏特加、金酒、威士忌、龙舌兰酒，如图1.2所示。

（a）朗姆酒　　（b）金酒　　（c）威士忌　　（d）龙舌兰酒　　（e）白兰地　　（f）伏特加

图1.2　六大基酒

2）配料

（1）香甜酒

本书所说的香甜酒泛指基酒以外的酒类材料，包括低度甜酒、苦艾酒、香甜烈酒、酿造酒、药草酒等。香甜酒与基酒搭配后能让鸡尾酒的口感和香气更丰富，更具层次感。香甜酒不仅有调味的功能，更是呈现鸡尾酒风味不可或缺的一部分。香甜酒的内容将通过本书项目8进行详细讲解。

（2）冰块

冰块是鸡尾酒中重要的固体辅料之一，冰块可以降低饮品的口感，降低酒精对口腔的刺激度。使用冰块较理想的方法是对饮品进行搅拌，既能够保持冰冷，又能够使很少的冰

"融化"。调酒师采用的冰块特指大而清澈、长约3 cm、边缘完美无损的冰块。有小锥孔、掘痕或碎片的冰块是不可以使用的，并确保在每个阶段的准备过程中保持最大的清洁度。

理想的冰块用过滤后的水和硅胶模具制作。首先填充模具，然后在一个托盘里倒水，把水倒满盖过模具，冰冻。一旦冻结，小心取出冰块模具，凿掉多余的边缘。把冰块从硅胶模具中取出，这时会产生双层冰冻的冰块，多用于顶级的酒吧。专业酒吧应考虑购置一种大尺寸的冰块，以确保有足够的冰来使用。

除了普通的冰块，还有其他种类的冰，包括碎冰和冰球等。

最好的碎冰是用双层冷冻的冰块，用刨冰机或全能料理机进行破碎，然后再次冻结，冻结时反复搅拌，使细粒度与冷却度达到最佳状态。也可以把冰块放在干净的口袋中，用木槌或其他东西砸碎。

冰球可以在冰镇且不稀释酒液的同时，增加鸡尾酒的美观度。冰球是威士忌中常用的冰的种类。冰球可以手工雕刻（图1.3），也可以用专门的制冰球机制作。手工雕刻的冰球有非常多的棱角，可以折射出梦幻的光影，除圆形外，还可以雕刻成钻石形或者契合杯子的形状，是调酒师精湛技艺的见证。制冰球机是将整块的方冰压成冰球，这样制作的冰球晶莹剔透，有特别的美感，制作快速高效，尽量不要使用模具冻出来的冰球，冰球中间容易产生白絮状，没有应有的美感。

（a）开冰　　　　（b）凿去边角　　　（c）转冰，凿去凸起

（d）完成的冰球既晶莹剔透又遍布棱角，完美的冰之于威士忌不只是装饰作用，更可以完美地冰镇，使酒精精确而细致地稀释

图1.3　手工雕刻冰球

如果希望一款鸡尾酒冰镇的效果更好，也可以采用冰杯的方法。这种方法经常被应用在饮用时杯中没有冰块的鸡尾酒品种中，因为杯中没有冰块，如果喝得太慢，酒液温度升高，酒水的味道开始变得不完美，如果能够先冰镇杯具，就能够让成品更长时间保持低温，更好地维持酒的风味。

冰杯（图1.4）的方法有两种：第一种是将杯具洗净擦干，放置于冰箱冷冻室15 min以上即可。这样的冰冻方法会使杯子表面凝结一层均匀的霜，具有独特的美感。第二种是在杯中放入冰块，稍加搅拌后静置3～4 min，将冰块及融化的水倒掉即可。需要注意的是，冰杯用的冰块不能再次使用。

图1.4　左图为第一种冰杯方法，右图为第二种冰杯方法

（3）糖和糖浆

糖（图1.5）是甜味剂，而甜味则是人类非常喜爱的味道，在鸡尾酒中添加糖是为了平衡口感，中和苦味，增加味觉的繁复感。

①白糖。白糖是鸡尾酒调配中使用最多的糖类，因为是纯甜味，溶解后不改变酒液的色泽，所以适用范围较广。

②棕糖。棕糖是一种未经精制的糖，具有特殊的风味，可以给制品带来轻微的色泽，通常在想要增加饮品和糖浆的醇厚度时使用。

③方糖。方糖（图1.6）是指形状为块状的白糖，在液体中溶解缓慢，经常与苦艾酒搭配饮用。

图1.5　各类糖图

图1.6　方糖

④蜂蜜。蜂蜜是一种营养价值很高的天然甜味剂，根据蜜源的花朵类型和来源不同，蜂蜜可以带来不同风格的甜味和香味，是很多饮品中的调味秘方。

⑤风味糖浆。糖浆能降低果汁的酸涩度与酒精的刺激性，适量使用可以平衡口感，让成品接受度更高。风味糖浆可以带着各种不同风味，给饮品带来更多的变化，让饮品具有独特的风格。调酒师可以根据酒水的特点选择相应的风味糖浆，如红石榴糖浆（图1.7）、蓝橙糖浆（图1.8）等。

图1.7　红石榴糖浆　　　　图1.8　蓝橙糖浆

⑥纯糖浆。酒谱上如果没有特别标注糖浆口味，只要用纯糖浆调制即可，调酒师可以制作新鲜的纯糖浆（图1.9）。准备好砂糖，用任一容器取三份糖与两份水，倒入锅内，以中小火一边煮一边搅拌，直到所有糖都融化、锅底开始微微冒泡时即可关火，静置冷却后再倒入瓶中，冷藏保存。

图1.9　糖浆制作

（4）汽水

在鸡尾酒中添加各式汽水，使酒水中酒精的口感降低，供那些不能接受酒精口味的人品饮。

①苏打水。苏打水（图1.10）是碳酸氢钠（$NaHCO_3$，又称小苏打）的水溶液，也称弱碱性水，是带有弱碱性的饮料。天然苏打水除了含有碳酸氢钠，还含有多种微量元素，是上好的饮品。世界上只有法、俄、德等少数国家出产天然苏打水，我国部分地区（四川乐山、黑龙江）也出产天然苏打水。

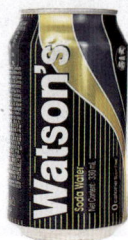

图1.10　苏打水

②汤力水。汤力水（图1.11）是Tonic Water的音译，又称奎宁水、通宁汽水，是苏打水与糖、水果提取物和奎宁（Quinine，又称金鸡纳霜）调配而成。汤力水是一种汽水类的软性气泡饮料，以奎宁为主的香料作为调味，带有一种天然的植物性苦味，经常被用来与蒸馏酒类饮料调和。

图1.11 汤力水

③碳酸饮料。碳酸饮料包括可乐、雪碧等，这些风味独特的碳酸饮料有的用来调制长饮，有的则用来掩盖高度酒的刺激口感，起到迷惑的作用，有时喝起来酸酸甜甜，与平时喝的汽水很像，这是因为掺杂了多种高度烈酒。

（5）果汁

果汁的新鲜度和质量直接影响饮品的口感，鲜榨的果汁比市面上出售的成品果汁好，成熟的新鲜水果榨汁比不熟或陈旧的水果好，人工压榨的果汁比电动榨汁好。在鸡尾酒调配过程中，推荐使用鲜榨果汁，为了提高效率，也可以从优质的供应商购买优质水果。

黄柠檬、青柠檬、橘子、橙子、柚子等水果最好采用手工榨汁，而苹果、菠萝、姜汁等则只能选择榨汁机榨汁。

柠檬是鸡尾酒中经常用到的水果，市面上有两种分类：一种是有籽柠檬（图1.12），一种是无籽柠檬（图1.13）。前者通常体积较大、皮厚、汁少纤维多，外观呈亮绿、椭圆状；后者通常体积较小、皮薄、汁多纤维少，外观以深绿居多、呈圆形。

调酒推荐优先使用有籽柠檬，有籽柠檬酸涩度较高，皮脂丰富还可以用于喷洒皮油，如果季节不对，有籽柠檬有时会皮厚、汁少，味道苦涩，此时要选用无籽柠檬。

研究表明，青柠汁在榨汁3～4 h后才达到最好的口感。

图1.12 有籽柠檬　　　　　图1.13 无籽柠檬

（6）苦精

苦是一种很奇特的味道。一方面，人们对苦味先天不喜欢；另一方面，苦味可以增加味觉的厚重感，让人流连忘返。很多经典鸡尾酒品种都用到了增加苦味的苦精。

苦精最早用于医疗，是一种浓缩的综合药草酒，具有整肠健胃、帮助消化、促进食欲的医疗功效。常用的苦精是安哥氏（图1.14）原味苦精与柑橘苦精，其特点是颜色深、苦味重、药草香气浓郁。裴乔氏苦精（图1.15）也很不错，裴乔氏苦精有着深厚的沉淀，20世纪30年代法国药剂师安东尼·裴乔在新奥尔良经营药店，店内出售他用秘制配方调制的苦

精，深受欢迎。这款苦精的特点是鲜红透亮，酒体轻，带有花果、八角与茴香味。

图1.14 安哥氏苦精　　图1.15 裴乔氏苦精

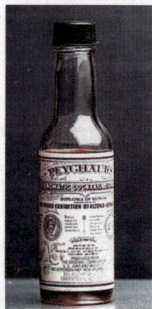

（7）鲜奶油、鲜奶、奶粉、奶油球

调制甜点类鸡尾酒经常会用到奶制品。鲜奶油太浓稠难以摇匀，鲜奶口感有时会太稀，很多时候，调酒师会采用Half&Half（一半一半），也就是一半鲜奶油一半鲜奶，同时保留前者的浓郁和后者的清爽。

3）装饰物

一杯鸡尾酒端到客人面前，留给客人的第一印象是它的外观。很多鸡尾酒品种有着异常华丽的装饰，让人眼前一亮，也有不少鸡尾酒凭借着简约大方的装饰引人注意。

鸡尾酒装饰物（图1.16）可以增加艺术感，增添美妙绝伦的色彩，增加创意，让消费者对鸡尾酒产生良好的印象，增加鸡尾酒的色泽，微调鸡尾酒的口感，显示鸡尾酒的主要口味，凸显鸡尾酒的整体风格和外在魅力。

图1.16 鸡尾酒装饰物

（1）点缀型（图1.17）

水果装饰：以樱桃、柠檬片、柠檬角、橙片或橙角等来装饰。

图1.17 点缀型鸡尾酒装饰物

柠檬除了作装饰，还可以给鸡尾酒施加一个魔法，让它变得无比芬芳，这就是皮油，如同人会在梳妆之后喷香水一样，很多鸡尾酒调制完成之后，会喷附皮油在酒液表面、杯壁与杯脚，起到画龙点睛的效果。如果喷附皮油的风味不够浓郁，还可以用皮卷抹一圈杯缘，香气会更持久。喷附完的皮卷可以丢弃，也可以直接投入杯中或挂在杯缘上作为装饰。

特殊风味的果蔬装饰物有薄荷叶、芹菜、柠檬皮条、珍珠洋葱、橄榄等。

调酒中常用的薄荷有两种：一种是绿薄荷；另一种是茉莉亚薄荷。绿薄荷又称留兰香，它带有典型的薄荷香气，缺水时不容易干，好买又好种，是调酒的首选。很多调酒师为了展示薄荷的新鲜，调酒时会直接在薄荷盆栽中剪取自己所需的薄荷叶进行酒水制作。茉莉亚薄荷凉度较高，但薄荷味稍淡，略带甜味，过度捣碎不会出现苦味。

（2）调味型

调料装饰物有细盐、糖粉、豆蔻粉、盐边、盐口、糖边、珊瑚边。

盐边（图1.18）在作装饰的同时，可以让人在入口时品尝到咸的味道，使酒水的风味更加突出。有些人不太能接受饮用时盐直接入口的口感，盐还可以只抹半圈（图1.19），让饮用者随喜好决定要喝哪边。

图1.18 盐边

图1.19 半圈盐边

制作盐边（图1.20）有两种方法：第一种是在盘内撒上少许盐，轻轻摇晃使其分布均匀，用柠檬的果肉端抹杯缘一圈（沾湿即可不要挤出汁），倒置杯口，用杯缘轻触盐堆旋转，让盐粒均匀附着，最后轻拍杯底让多余的盐散落，盐口杯就完成了。

第二种是用盐盘制作盐口杯，其速度快，成品均匀，适合大量出酒的场合使用。盐盘分为3层：第一层的海绵在使用前要先用柠檬汁浸泡；第二层放入盐，稍微摇晃使其分布均匀；第三层可放糖或其他香料、粉末等，先将杯口倒放在第一层的海绵上轻压，沾湿杯缘，再将杯口倒放在盐层上，顺时针或逆时针来回旋转让杯缘均匀抹上一圈盐，然后提起酒杯，轻拍杯底让多余的、太厚的盐掉落。

图1.20 盐边制作

制作盐边时，建议选择颗粒小的盐，如果颗粒较大，会使入口咸度高，影响口味。磨细的岩盐或玫瑰盐口感细腻，是比较好的选择。在调酒中可以根据实际需要在杯口沾糖边或者酒吧秘制的调味料。

珊瑚边的制作方法与盐边的制作方法相同，只是将柠檬汁换为香甜酒。香甜酒的黏度大，能够粘住更多的颗粒，从而制作出更饱满的装饰边。

实用型装饰有吸管、调酒棒、杯垫、鸡尾酒签。

端杯饮用不太方便的鸡尾酒品种通常都会配一根吸管（图1.21），如长饮的酒款杯具偏大，配上吸管更容易饮用。有些鸡尾酒会配上非常华丽的装饰，不方便端杯饮用，也会配上吸管。有些吸管可以用于搅拌酒水。当然，就算没有以上原因，也可以为鸡尾酒配上一根吸管。

调酒棒（图1.22）有很多种样式，用来搅拌杯中的酒水，兼具装饰作用。有的调酒棒一端为球状，可以用来捣碎饮料中的糖或薄荷。

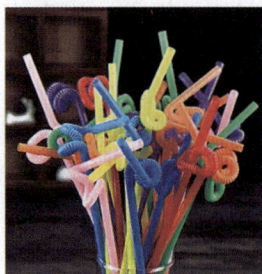　　

图1.21　吸管　　　　　　图1.22　调酒棒　　　　　　图1.23　杯垫

杯垫（图1.23）是酒水完成调配之后放置在杯底的装饰，推动杯垫可以将酒水递给客人饮用。

鸡尾酒签（图1.24）主要用来插水果香草等，如将樱桃、橄榄、薄荷叶、菠萝叶等串在一起，制作成组合装饰。鸡尾酒签风格精致小巧自由多变，为鸡尾酒增加了美感。

图1.24　鸡尾酒签

任务3 鸡尾酒杯

（1）马天尼杯 Martini Glass

马天尼杯（图1.25）上方约呈正三角形或梯形，底部有细长握柄，造型优雅，给人一种摇摇欲坠的诱惑之感，是盛装马天尼酒的常用杯具，也是鸡尾酒最具标志性的符号。

图1.25 马天尼杯　　图1.26 玛格丽特杯　　图1.27 柯林杯

（2）玛格丽特杯 Margarita Glass

玛格丽特杯（图1.26）是一种带有宽边或平台式的高脚杯，这个平台有利于制作雪花边的装饰，主要用于盛放玛格丽特系列鸡尾酒，容量为5~6盎司（1盎司=29.27 mL）。

（3）柯林杯 Collins Glass

柯林杯（图1.27）又称高筒杯，呈高圆筒状，用于盛放柯林斯（Collins调酒），其容量通常为350 mL以上。

（4）子弹杯 Shot Glass

子弹杯（图1.28）又称烈酒杯，杯型小且敦厚，用于盛装高度烈酒，一口下肚就如同子弹入喉一般。如野格炸弹这样的酒款，用来炸杯的就是这款杯子。分层鸡尾酒也喜欢用这个杯型。

图1.28 子弹杯　　图1.29 碟形香槟杯　　图1.30 笛形香槟杯

（5）碟形香槟杯 Champagne Coupe

碟形香槟杯（图1.29）是上面呈小碗状的相对矮一些的有脚杯，常用于庆典中香槟泉的搭建，相较于马天尼杯，它更不容易溅酒，容量更大。

（6）笛形香槟杯 Champagne Flute

笛形香槟杯（图1.30）是一种高脚杯，杯身细长优雅，饮用香槟酒时使用，可以欣赏香槟酒气泡升起。窄口设计可以聚集香气，还可以减缓气泡散去的速度，这是品饮香槟酒的标准杯型，也可以用于盛装短饮鸡尾酒。

（7）古典杯 Old Fashioned Glass

古典杯（图1.31）的名字源自经典鸡尾酒中的古典鸡尾酒，其形状像岩石，称为岩石杯。古典杯通常用来品饮威士忌，又称为威士忌杯，杯形矮壮底部很厚，有的杯形底部光滑，有的底部有棱角截面，可以折射光线，有种绅士的奢华格调。

图1.31 古典杯

图1.32 果汁杯

图1.33 啤酒杯

（8）果汁杯 Juice Glass

果汁杯（图1.32）的杯形很大，呈倒三角形，通常用来盛装各式果汁，其利落、精致的外观偶尔用以盛载长饮型鸡尾酒。

（9）啤酒杯 Beer Mug

啤酒杯（图1.33）的杯形较大，并且有把手，方便饮用者豪放地碰杯以及大口饮用大分量的啤酒。

（10）飓风杯 Hurricane Glass

飓风杯（图1.34）因外形近似飓风灯的灯罩而得名，它容量大、杯脚短、杯身呈曲线，是常用的热带鸡尾酒杯，有时用来盛装果汁，容量多在400 mL以上。

图1.34 飓风杯

图1.35 葡萄酒杯

图1.36 白兰地杯

（11）葡萄酒杯 Wine Glass

葡萄酒杯（图1.35）杯身较大，就其自身而言，杯身横径较大，杯高较高，显得圆胖宽大，有利于葡萄酒接触空气，经过氧化释放出更丰富的香气，下部有细长的握柄，主要用于盛载红葡萄酒，偶尔有些款式的鸡尾酒用它作盛具。

（12）白兰地杯 Brandy Glass

白兰地杯（图1.36）为杯口缩口、腹部宽大的矮脚酒杯。这种杯身近乎球形，杯口小的杯子可以凝聚香气，容量大约为600 mL，虽然实际容量很大，但倒入的酒量不宜过多，以杯子横放、酒在杯腹中不溢出为宜。白兰地杯除了用来盛装白兰地，还可以盛装热带鸡尾酒。

（13）坦布勒杯 Tumbler

坦布勒杯（图1.37）一般是指直杯，杯身矮小且有一个很厚的杯底。以前人们用动物的角来做酒杯，因其底部不平容易倾倒故称"坦布勒杯"。现在，坦布勒杯以8盎司的容量为标准，杯身可分斜、直两种。

图1.37 坦布勒杯

图1.38 梅森杯

图1.39 品特杯

（14）梅森杯 Mason Jar

梅森杯（图1.38）以玻璃材质为主，杯体很厚且带有把手和杯盖，杯身外表通常都有美丽的花纹或图画，其特点是容量较大且造型时尚，非常适合配方中含有水果的鸡尾酒，能够让鸡尾酒的造型变得更加缤纷。

（15）品特杯 Pint Cup

品特杯（图1.39）是啤酒杯的一种，杯体有优雅的弧度。容积为1英制品特，大约为568 mL，一般用于盛放黑啤酒和英式涩啤酒。品特杯造型别致，常被用于盛装鸡尾酒。

（16）高球杯 Highball

高球杯（图1.40）又称海波杯，杯身呈直筒状，比柯林杯容量小，有的款式杯形不是直线，而是具有一定的弧度，柔和中带有一点可爱，容量为250～300 mL，搭配水果可以打造出缤纷的鸡尾酒造型。用于装Highball类型鸡尾酒的酒杯，也常用来盛装冰块较多、混合多种饮料或调料的长饮类鸡尾酒。

图1.40 高球杯

图1.41 提基杯

图1.42 酸味酒杯

（17）提基杯 Tiki

提基杯（图1.41）也称迈泰杯，外表很有夏威夷的热带海洋风情，杯形是平底直壁高筒，杯壁厚实容量大，杯身刻有波利尼西亚神像，或一切可联想到热带风情的装饰图案，是一种用于盛装特饮鸡尾酒的杯子，它因奇特的外形深得饮用者的喜爱。提基杯通常用陶瓷制成，也有玻璃材质的。

（18）酸味酒杯 Sour Glass

酸味酒杯（图1.42）外形近似小一点的白酒杯，柄上的部分窄，并逐渐向上变宽，弯曲的外边缘，能保证饮品的顺滑口感，容量为150～180 mL，用于盛装加了柠檬汁的酸味类短饮鸡尾酒，饮用时不加冰。

酸味鸡尾酒也称酸酒（Sour），最基本的结构是酒＋酸＋甜。以Sour为基础的变化相当多。以某种酒为基酒的酸酒在命名时冠上主要材料的名称即可，如××酸酒。

（19）爱尔兰咖啡杯 Irish Coffee Cup

爱尔兰咖啡杯（图1.43）因爱尔兰咖啡而命名。它拥有十分耐热的厚杯壁和一个防止使用者被烫伤的杯柄，多用来盛放以冬天饮用的咖啡、威士忌为原料调配的热饮鸡尾酒，既方便持杯，又在盛放热饮时不至于烫手。热托蒂就是用这一款杯子盛放。

图1.43　爱尔兰咖啡杯　　　图1.44　利口杯

（20）利口杯 Liqueur Glass

利口杯（图1.44）又称兴奋酒杯，是杯身为管状的小型有脚杯，容量为1盎司，可用来饮用五光十色的利口酒、彩虹酒等，也可用于盛装高度烈酒。

任务4　制作鸡尾酒的工具

（1）三段式雪克壶（摇酒壶）

三段式摇酒壶（图1.45）由3个部件组成（图1.46），包括下段盛装酒液的壶身、中段的隔冰器和上段的壶盖。常用的规格有350 mL、550 mL、750 mL。350 mL适用于调制1杯鸡尾酒；550 mL适用于制作1～2杯鸡尾酒，是常用的规格。使用时，先盖中段隔冰器再加盖。使用后，应立即打开清洗。

优点：有自带的隔冰器，可以在调酒后直接将酒液倒出；冰块的损耗小，成品不易过度稀释；密合度高适合初学者。

缺点：长时间摇荡后不易打开；不方便清洗，容易出现死角；操作速度慢。

图1.45　三段式摇酒壶　　　图1.46　三段式摇酒壶的3个部件

（2）波士顿雪克壶（摇酒壶）

波士顿摇酒壶由一个Tin杯与一个玻璃调酒杯两部分构成（图1.47）。两个杯子都是不锈钢杯的法式组合也很常见（图1.48），使用时，要另外搭配一个隔冰器。

图1.47　配玻璃杯波士顿摇酒壶　　　图1.48　不锈钢杯波士顿摇酒壶

相传19世纪初，人们在混合不同的酒水材料时，利用两个杯子互相倒来倒去，有位服务生发现将一大一小两个容器组合起来，用摇荡的方式能更快地均匀混合酒液。19世纪末，这种一端金属一端玻璃的雪克壶传入欧洲。由于它有时卡不紧，在摇荡时容易松脱，因此慢慢延伸出一种两端皆为金属，底杯大上盖小的法式雪克壶。

优点：容量较大，可以一次性调出大容量的鸡尾酒或者多杯鸡尾酒，提高了工作效率；调酒时长时间摇和容易打开；使用后方便清洗。

缺点：摇和好的酒液不能直接倒入杯中，需要搭配隔冰器；冰块损耗量较大且成品含水量多；初学者不易上手容易松脱；玻璃杯有爆杯的风险。

（3）搅拌杯（Mixing Glass）

搅拌杯（图1.49）也称调酒杯，是搅和法专用调酒杯，通常是厚实的宽圆柱形大容量玻璃杯（也有不锈钢等材质），方便倒入材料进行搅拌，杯口是鹰嘴形，有利于倒出酒液。

图1.49　搅拌杯　　　　　　图1.50　吧勺　　　　　　　图1.51　隔冰器

（4）吧勺

吧勺（图1.50）是用于搅拌酒水的工具，一端为勺状，可以用来搅拌或者作为量器（1吧勺≈5 mL）；另一端为叉状，可用来叉柠檬片、樱桃等，也可用来压碎一些小的固体成分。

（5）隔冰器

隔冰器（图1.51）由一个圆形带把手的滤冰格和一个插在上面的弹簧组成，通常与搅拌杯搭配使用，可以为调好的酒液滤掉冰块，调酒师偶尔会将上面的弹簧拆下来放入波士顿摇酒壶中使用，可以加大摇和的力度，用来调制特定的鸡尾酒，如Fizz系列鸡尾酒。

（6）盎司杯

盎司杯又称量酒器，为了方便调酒师量酒，上下皆有一个不同尺寸的量器。不锈钢材质的量酒器最为常见（图1.52），也有塑料材质带刻度的量酒器（图1.53）。

图1.52　不锈钢盎司杯　　　　图1.53　塑料盎司杯

（7）冰锤

冰锤（图1.54）是在调制鸡尾酒时用来压碎冰块的工具，也可以用来压碎柠檬、香草等材料。

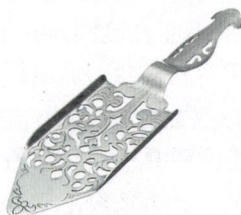

图1.54　冰锤　　　　图1.55　苦艾酒专用漏勺

（8）苦艾酒专用漏勺

苦艾酒专用漏勺（图1.55）是针对苦艾酒的饮用方式设计的，漏勺表面有华丽的镂空花纹，有一种古典美。使用时，将漏勺置于杯口，将方糖放于漏勺表面，缓缓倒入苦艾酒，让其浇透方糖并流入酒杯。

（9）冰锥

冰锥分为三叉冰锥（图1.56）、单齿冰锥（图1.57）两种，常与冰刀搭配使用，是敲击钻取冰块、制作冰球时的必要工具。

图1.56　三叉冰锥　　　　图1.57　单齿冰锥

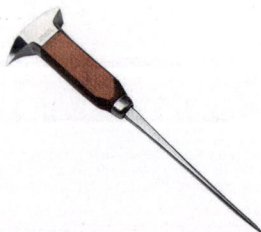

（10）冰夹

冰夹（图1.58）主要用来夹取冰块，其前沿的锯齿状设计可以起到防滑的作用。

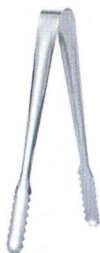

图1.58　冰夹

图1.59　冰铲

（11）冰铲

冰铲（图1.59）主要在大量盛装小冰块时使用，可以高效取冰。

（12）冰桶

冰桶（图1.60）用于盛装大量小冰块。冰桶有不同的型号，大号冰桶用来冰镇整瓶酒水，小号冰桶用来帮助调酒师灵活地取冰。

图1.60　冰桶

图1.61　酒嘴

（13）酒嘴

酒嘴（图1.61）套在开瓶后的瓶口上使用，用于控制酒瓶倒酒时的流量。

（14）榨汁器

榨汁器（图1.62）是用来榨取果汁的器具，常用于榨取柠檬汁。没有特定形式，只要操作方便、取汁容易即可。

（15）漏网

调酒中使用到蛋液、薄荷叶、果汁等原料时，倒入杯中的时候需要进行过滤，保持酒的干净度，这种漏网（图1.63）孔洞细小，可以过滤掉各种细渣。

图1.62　榨汁器

图1.63　漏网

任务5 鸡尾酒的调配技法

1）直调法

直调法是最简单的调酒技法，只需要准备量酒器与吧勺。新手学习可以从直调法开始。通常的操作方法为以下3个步骤。

①先在杯中加入冰块。

②加入酒液、饮料等材料。

③无须搅拌即可或略有搅拌即可。

应用直调法的鸡尾酒类型为Highball。这是一种只有基酒与软性饮料的鸡尾酒。练习直调法的调酒，一开始只需要准备基酒与软性饮料（指无酒精成分的饮料，如果汁或汽水）。

2）搅和法

搅和法是一个非常优雅的调酒方法，需要的工具是调酒杯与隔冰器。先放材料，然后搅拌，最后倒出即可。

①右手的拇指和食指夹住吧勺，中指和无名指夹住吧勺（图1.64）。

②将吧勺放入搅拌杯，以中指和无名指发力，拇指和食指作为圆心的中心点来进行搅和。

③搅和至酒液均匀冷却，同时水分没有融出过多即可（一般为20 s）。

可以通过以下方法来判断搅拌的手法是否正确（图1.65）：用左手抓住右手手腕，如果在搅拌的过程中，右手手臂没有动，说明方法是对的；如果右手手臂在动，则说明搅拌手法出了问题，需要改正。

图1.64 搅和法手法示意　　　　图1.65 判断搅拌手法是否正确

3）摇和法

摇和法是将酒液倒入雪克壶中，通过特定的手法进行摇荡，使酒液在混合均匀的同时完成冰镇。这种手法需要用到的工具是雪克壶，使用这种手法的鸡尾酒大多含有浓稠或者不易混合均匀的原料。

含有气泡的原料是不能进入摇酒壶摇和的，否则可能发生事故。

持壶手法（图1.66）：右手大拇指压住壶盖，中指和无名指压住下段壶身，手心中空；左手大拇指压住壶身中段，中指和无名指压住壶底，手心中空。这种握法可以固定壶盖、上下交界处以及壶底3个位置，有效地防止摇酒壶在摇和时爆开。

摇壶时间：摇壶时间通常为15 s左右，摇至壶外起霜即可。摇壶时间过短，酒液混合不均匀，冰镇效果不足；摇壶时间过长，壶中的冰在撞击下碎裂，融化的水会稀释酒液，改变口感。

图1.66　持壶手法

（1）点摇法

点摇法（图1.67）是常用的摇和手法。双手在身体一侧，按要求握壶，摇和时双手臂不动，发力点在手腕，通过快速甩动手腕，将摇酒壶以抛物线的路径向外甩出，再原路返回，重复该动作来完成摇和。

图1.67　点摇法

（2）直线摇和

直线摇和要求动作的起落点一致、力道均匀、摇荡频率一致，动作美观大方、干净利落，具有一定的观赏性。

在使用直线摇和制作鸡尾酒时，长路径摇和与短路径摇和略有不同，长路径摇和推拉的距离长、幅度大、力度大，有利于酒方中有较难混合材料的摇和；短路径摇和推拉的距离短、幅度小、速度快，有利于快速冷却材料，缩短摇和时间（图1.68）。

较为长远路径的直线摇和　　　　　　较为短促路径的直线摇和

图1.68　直线摇和

在实际操作中，直线摇和除了路径长远不同，还会搭配不同的摇和角度，使得调和方法更加多样，方便调酒师根据产品品质要求和动作美观情况灵活选择合适的摇和方法。

①横向直线摇和。双手握壶，从胸前向外直推，然后平直拉回，反复该动作（图1.69）。

②横向倾斜摇和。双手握壶，壶身与水平线呈一定的角度，持壶从胸前向外斜推，然后原路拉回，反复该动作。

因为用这种方法壶身是倾斜的，所以在摇和过程中，冰块会先划过壶身，然后改变冰块的撞击方向使其划过壶底。冰的撞击位置发生变化使其撞击力降低，可以有效地保护冰块不易撞碎（图1.70）。

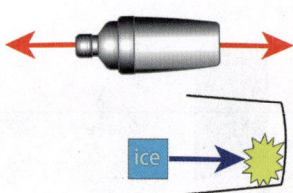

图1.69　横向直线摇和　　　　图1.70　横向倾斜摇和

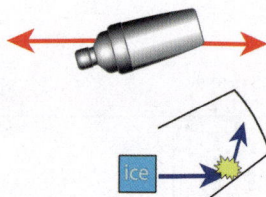

③二段式直线摇和。双手握壶，壶身与水平线呈一定的角度，持壶从胸前向斜上方推出，然后原路拉回，接着从胸前向斜下方推出，再拉回，反复该动作。发力时，肩膀保持松弛，由大臂发力，小臂摇动，动作幅度比较大，但不要使用蛮力，而是柔和地向两个远处的方向推送摇酒壶。

这种摇和方式是在横向倾斜摇和的基础上发展的，动作具有对称性，更具有观赏性（图1.71）。

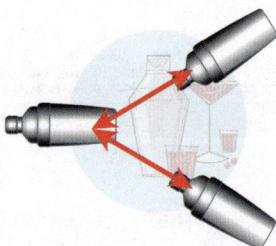

图1.71　二段式直线摇和

（3）弧线摇和

双手握壶，先将摇酒壶从胸前向外向上以抛物线的方式摇出，原路返回，再将摇酒壶从胸前向外向下以抛物线的方式摇出，原路返回，重复该动作。摇动时手腕配合肩膀，手腕轻松甩动，肩膀自然地上下提放，动作舒缓而有力（图1.72）。

这种摇壶方式除了二段式还可以有三段式，是在二段式的基础上增加一个层次的动作，使调酒动作看起来更加饱满（图1.73）。

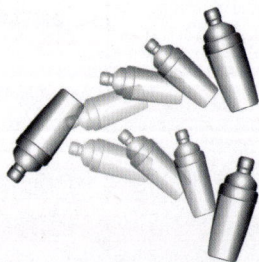

图1.72　二段式弧线摇和　　　　图1.73　三段式弧线摇和

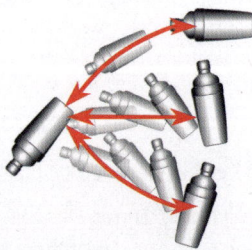

（4）个性摇和

很多世界级的调酒师都有自己独有的调酒方法，极具观赏性的同时还具有个人色彩，多为复合好几个调酒动作之后的优雅调酒表演，也称为复合摇和法。

个性摇和除采用复合式摇和外，还会搭配一些特别手法，如扭转摇反手抱壶、跷跷板式摇壶、打旋摇壶等。

4）电动调合法

电动调合法是利用机器进行调和。一种是用机械臂带动摇酒壶进行摇和，虽然这样做失去了鸡尾酒的灵魂，但可以轻松应付大型酒会；另一种是用果汁机将酒水与冰一起打至沙冰状，又称霜冻调和，用这种方法制作的鸡尾酒称为霜冻鸡尾酒。

成功地调出一杯霜冻鸡尾酒，除了要有一台优质的果汁机，还需要掌握冰的用量。通常用盛器来量取冰块，将盛装的冰块略高于杯口，这样将冰块与其他原料倒入果汁机搅打完成，倒入杯中后，就刚好是一整杯沙冰鸡尾酒（图1.74）。

图1.74　电动调和法技能要点

5）其他技法

（1）分层调酒

分层调酒是利用不同的原料比重不同的原理，按照比重由大至小的顺序依次倒入杯中，从而制作出分层分色的鸡尾酒。这种调酒技法需要用到吧勺、盎司杯。调酒时，先将吧勺抵住杯壁，将盎司杯抵住吧勺长柄，让酒液从盎司杯中轻轻地倾倒在吧勺长柄上，然后缓缓地顺着吧勺长柄流到杯壁上，再顺着杯壁滑入杯中。彩虹类的鸡尾酒都是利用这种方法调制。

（2）炸弹调酒

这种调酒技法非常适合调动气氛，调酒时，准备一套大杯及一套小杯，将大杯排列成一条直线，每个杯子中间留出合适的空隙，先将小杯放置在两个大杯的上方，摆好后调酒师将手中的小杯撞击第一个小杯，然后投入下面的大杯中，而之后的小杯如同多米诺骨牌一样依次掉入大杯中，这样小杯和大杯中的酒液会自然混合。

任务6 鸡尾酒的常用术语

（1）长饮

长饮一般是指酒精含量较低，分量较大的鸡尾酒，通常在酒方中使用较大量的果汁、汽水等材料，是一种较为温和的饮品，人们可以长时间饮用，饮用时间在30 min左右。大多使用飓风杯、高球杯、柯林杯等大容量的杯具盛装。

（2）短饮

短饮一般是指酒精含量较高，分量较少的鸡尾酒，大部分酒精度数在30度左右，通常要一饮而尽，饮用时间一般不超过20 min。大多使用子弹杯、马天尼杯等小容量的杯具盛装。

（3）硬饮

硬饮是指含酒精成分的饮品，如白酒、朗姆酒、伏特加、葡萄酒、啤酒、龙舌兰酒等都属于硬饮。

（4）软饮

软饮是指不含酒精或者酒精含量不到1%的天然或人工配制的饮品，即无醇饮品，如果汁、碳酸饮料、红茶、咖啡等都属于软饮。

（5）纯饮

纯饮是指不在酒中加入其他材料。在室温下直接从酒瓶倒入杯中饮用，可以品尝到最纯粹、正宗的口感。

任务7 调配鸡尾酒的常用计量单位

（1）美制

1 oz（1盎司）=29.57 mL≈30 mL

1 tsp（1吧勺）≈5 mL

1 Dash（1抖振）≈1 mL

1 shot（也指单一杯的烈酒）≈30 mL

1 lb（1磅）=16 oz

1 oz（1盎司）=16 dr（16打兰）

（2）英制

1 oz（1盎司）=28.41 mL

1 quart（1夸脱）=2 pints（2品脱）=1.136 L

1 gallon（1加仑）=4 quart（4夸脱）

任务8 品酒简述

一杯酒水的质量如何，需要对它进行品饮。品酒是指对某款酒水通过视觉、嗅觉、味觉等感官接触而对其作出评价的过程。品酒不是喝酒，品酒是带着目的地进行浅尝，需要让各个感官深度记录下该酒水的特征，并作出专业的评价。

很多人表示在品尝酒水的时候根本无法品尝到别人所说的各种风味，如巧克力味、太妃糖味、雪茄味、覆盆子味等，只能品尝到酒精的辣味，这是因为舌头还没能适应酒精，要经常品饮，让味蕾适应酒精之后，才能品尝到藏在酒精背后的各种风味。

除要使自己翻越酒精的屏障外，还需要准备一个品酒笔记，每次品饮之后都作详细的记录，日积月累之后，才能有自己的分析。

鸡尾酒概述任务书（一）

一、鸡尾酒杯的晶莹世界（请同学们画出各式鸡尾酒杯）

酒杯名称	图　样	特点（用途）描述
马天尼杯 Martini Glass		
玛格丽特杯 Margarita Glass		
柯林杯 Collins Glass		
子弹杯 Shot Glass		
碟形香槟杯 Champagne Coupe		

续表

酒杯名称	图 样	特点（用途）描述
笛形香槟杯 Champagne Flute		
古典杯 Old Fashioned Glass		
果汁杯 Juice Glass		
啤酒杯 Beer Mug		
飓风杯 Hurricane Glass		
葡萄酒杯 Wine Glass		
白兰地杯 Brandy Glass		
坦布勒杯 Tumbler		
梅森杯 Mason Jar		
品特杯 Pint Cup		

酒杯名称	图　样	特点（用途）描述
高球杯 Highball		
提基杯 Tiki		
酸味酒杯 Sour Glass		
爱尔兰咖啡杯 Irish Coffee Cup		
利口酒杯 Liqueur Glass		

二、有基酒才能调配出鸡尾酒

酒　名	酒水介绍	酒水特色
朗姆酒		
金酒		
龙舌兰酒		
伏特加		

续表

酒　名	酒水介绍	酒水特色
威士忌		
白兰地		

三、调配鸡尾酒用到的工具

工具名称	图　样	特点（用途）描述
长匙		
过滤器（隔冰器）		
调酒棒		
酒签		
瓶嘴（倒酒嘴）		
摇酒器		
冰桶		

续表

工具名称	图　样	特点（用途）描述
量酒杯		
榨汁器		
螺丝开瓶器		
冰锥		
冰夹		
冰铲		
碎冰锤		
调酒杯		
冰格		
橄榄夹		

续表

工具名称	图　样	特点（用途）描述
苦艾酒专用漏勺		
果汁机		
水果刀		
剥皮器		

四、如何调制一杯鸡尾酒

1. 请写出摇和法调制鸡尾酒的要点。

2. 请写出直调法调制鸡尾酒的要点。

3. 请写出搅和法调制鸡尾酒的要点。

4. 请写出电动调和法调制鸡尾酒的要点。

5. 请写出调制鸡尾酒的一般步骤。

鸡尾酒概述任务书（二）

[任务描述]

可能工作场景：

1. 你在一家酒店的特色酒吧工作，在开始营业前要进行库存盘点，了解酒水及配料的市价、酒水存量，明确当天主推的酒款。

2. 你工作的酒吧生意火爆，按照惯例每周会进行一次盘点，请你对库存酒水进行盘点。

[任务分解]

1. 将酒柜中的酒水取出，查看并记录有哪些酒款，每款数量有多少，各是什么情况（是否开瓶）。

2. 上网查询，这些酒款的价格是多少，记录查询到的中间价格。

3. 完成以下表格。

酒水名称	数　量	状态（x瓶未开x瓶已开）	价格及查询平台

续表

酒水名称	数　量	状态（x瓶未开x瓶已开）	价格及查询平台

续表

酒水名称	数　量	状态（x瓶未开x瓶已开）	价格及查询平台

4. 你觉得还需要增补什么样的酒水，并完成以下表格。

序　号	酒水名称（注明品牌）	数　量	价格及查询平台
1			
2			
3			
4			
5			
6			
7			
8			
9			
10			
11			
12			
13			
14			
15			

任务书完成打分

姓　名	分　数

项目2

朗姆酒和
朗姆鸡尾酒的调配

知识目标

1. 掌握朗姆酒的定义与起源。

2. 了解朗姆酒的生产过程。

3. 掌握朗姆酒的分类。

4. 了解朗姆酒的名厂与名酒。

技能目标

1. 掌握朗姆酒的品鉴方法。

2. 掌握朗姆鸡尾酒的调配技法。

3. 能够调配多款以朗姆酒为基酒的鸡尾酒。

素质目标

1. 通过对知识的学习，培养学生的基本职业素养，了解职业道德的基本要求，树立良好的价值观。

2. 通过对朗姆酒调酒技能的训练，培养学生的工匠精神。学生吃苦耐劳，不断打磨自己的技能。

推荐课时：8课时。

任务1 朗姆酒的定义与起源

朗姆酒是以甘蔗加工成的糖蜜（图2.1）为原料，经过酿制蒸馏而成的烈酒。朗姆酒的产地集中在热带和亚热带地区，如拉丁美洲地区、加勒比海，其中，古巴是朗姆酒的著名产地。朗姆酒的生产区域不只局限于此，它遍布全球，南美洲、大洋洲、非洲都有。

糖蜜是棕黑色的浓稠液体，像是用蔗糖做的蜂蜜。现代化的酿酒厂将甘蔗放入机器中压碎，榨取糖汁，液体经过煮沸等步骤后转化成为糖蜜。

如今，朗姆酒是世界上产销量最大的蒸馏酒之一，但很早以前，朗姆酒并没有这么出名，它只是制糖业的一种副产品。

图2.1 甘蔗加工成的糖蜜

据记载，朗姆酒起源于16世纪的西印度群岛。彼时哥伦布第二次航行美洲，从加纳利群岛为西印度群岛带来了甘蔗。这里的气候、水质和土壤非常适合甘蔗的生长，甘蔗作为一种经济作物被大面积种植。为了获得可观的收益，当时的种植园主雇用了大量的工人帮他们种植并制取蔗糖（图2.2）。

图2.2 工人种植甘蔗

早期的甘蔗种植园利用畜力来压榨甘蔗获取汁液。通常会加入青柠汁以沉淀杂质，随后汁液被加温蒸煮。蒸煮过的汁液盛放在一个陶制容器中等待糖分自然冷却结晶。结晶剩余的汁液是一种浓稠的黑色物质，称为蜜糖浆，这种制糖时剩下的残渣被贫苦的工人拿来发酵制酒，虽然酿造方法简单，工具简陋，这种甘蔗酒的质量很差，口感也不好，但对于种植园的工人而言，辛苦劳作一天后喝一杯可以解乏的甘蔗酒，是很快乐的。当然，这种酒水仅在贫苦的工人中流传，富有的种植园主看都不看，只喝从遥远的欧洲运来的昂贵的葡萄酒。

　　100多年后，一个名叫拉巴特的法国传教士来到古巴，在他的日志中有这样的记载："岛上处于原始生活状态的土著人、黑人和一小部分居民，用甘蔗汁制作一种刺激性的烈性饮料，喝后能使人兴奋并能消除疲劳。这种饮料是经发酵而成的。这种饮料称为甘蔗酒，此酒性烈、猛，价格便宜，味道不好。

　　从传教士的记载中可知，朗姆酒除了深受当地人的欢迎，更是加勒比海盗们的最爱。为什么海盗会钟爱这款烈酒呢？在一望无际、孤寂又多变的大海上，一点烈酒不仅可以让人缓解压力增加胆量，还能保证饮用水的安全，况且这种产自海岛的酒水既容易获得又廉价，一举多得，自然成为海盗们的心头好。全球热播的电影《加勒比海盗》中，多次出现杰克船长饮用朗姆酒的场景，因此有人戏称朗姆酒是海盗酒（图2.3）。

图2.3　朗姆酒中的海盗元素

　　当时的航海技术十分落后，海船上的重要物资淡水在长期放置后容易滋生细菌，导致水手生病，如果在饮用水里添加酒，利用酒精的杀菌效果，可以有效地保证饮用水的安全。不只是海盗会在船上饮酒，英国海军也为船员准备了这样的烈酒（图2.4）。

图2.4　海军分发酒水

　　18世纪后，欧洲先进的蒸馏设备被引入，原本质量低劣的朗姆酒经过改良，质量越来越好，生产出来的朗姆酒被盛放在木桶中，一个个酒桶放置在码头上等待运输，经过长时间的航行，朗姆酒到达目的地。人们发现，经过长时间放置的朗姆酒质量更好，便开始有意延长存放时间，熟化朗姆酒。

　　熟成带来的复杂风味使得它与青柠汁混合后风味绝佳，而后者是帮助船员抵御坏血病的重要营养补充剂。

　　现代人们出海不用再依靠烈酒清洁水源，也不再担心坏血病，但朗姆酒风味独特，除纯饮之外，极适合调配各式鸡尾酒，以朗姆酒为基酒的鸡尾酒在酒吧深受欢迎，使得朗姆酒全球售卖量巨大。随着需求量的增加，如今的朗姆酒不再用蔗汁残液来制作，而是使用好的原料来生产。

任务2 朗姆酒的生产、分类与品鉴

1)朗姆酒的生产

朗姆酒最初是被无意制作出来的制糖副产品，并没有一个严格界定的制造流程（图2.5）。通常，朗姆酒的酿造过程从新鲜的糖蜜开始，在制作其他烈酒时需要额外将原料中的淀粉分解成糖，再由酵母将糖转化成酒精，但朗姆酒的原料就是糖，酵母可以直接使用这些糖。

传统的朗姆酒发酵全靠甘蔗表面附着的天然酵母或上次发酵的酒酸做酒母接到下一批原料中，在自然条件下完成。如今大型酿酒工厂需要接入人工培养的纯种酵母进行酿酒。

等发酵结束进入蒸馏环节，蒸馏方式并没有特别的规定，朗姆酒可以采用一次、两次或三次蒸馏。无论是壶式蒸馏还是柱式蒸馏，都有人采用，甚至是最原始的锅煮。蒸馏出的烈酒可直接灌装或放入橡木桶中进行熟成。

熟成结束后，酿酒师会对朗姆酒进行勾兑。为了获得完美的味道，酿酒师会将不同纯度、不同蒸馏方法和不同年龄的酒混合在一起，得到预想中的复杂香气和醇厚口感。

图2.5 橡木桶陈年

农业朗姆酒与朗姆酒的制作方式不同，它使用的是鲜榨甘蔗汁（图2.6）而不是糖蜜。卡莎萨甘蔗酒（巴西的甘蔗烈酒）与朗姆酒有所不同，它在发酵阶段使用了大麦麦芽（图2.7）之类的原料。

图2.6 鲜榨甘蔗汁

图2.7 大麦麦芽

2)朗姆酒的分类

（1）按照颜色分类

按照颜色对朗姆酒进行分类是最常用的分类方式。

①淡朗姆Light Rum。清朗姆酒（Clear）、白朗姆酒（White）、银朗姆酒（Silver）都属于这一类（图2.8），通常会在商标上标注。因为没有陈年或陈年时间很短（少于1年），

有的甚至是蒸馏完毕就直接装瓶，所以其口味清淡，颜色接近无色透明，适合用作调配鸡尾酒的基酒。

②金朗姆 Gold Rum。金朗姆也称琥珀朗姆酒，颜色在金黄色与琥珀色之间的朗姆酒属于这一类（图2.9）。经过一定时间的橡木桶陈年（至少3年），橡木桶的颜色浸入酒液后呈现金黄色，风味受橡木桶的影响，酒味变得醇厚。最好的金朗姆酒通常使用盛放过美国波本威士忌的橡木桶进行陈年，口味和色泽更佳。

图2.8　淡朗姆　　　　　图2.9　金朗姆

③黑朗姆Dark Rum。深色朗姆酒属于这一类（图2.10），黑朗姆是朗姆酒中的优等生。酒水通常会被放入装过美国波本威士忌、干邑白兰地等的橡木桶中，进行长时间陈年（5年或更长时间）。这类朗姆酒风味独特，口感醇厚，适合细细品饮，有人拿来调配烟草的味道。

除了将酒水进行陈年获得自然的色泽，有一类深色朗姆会采用焦糖或糖蜜等进行调色，使得未陈年或陈年不足的酒水也能获得美好的颜色。这样的黑朗姆酒多用来调配鸡尾酒或用来烹调菜肴。

黑朗姆酒的陈年期较长，是经过炭化的橡木桶储存，劲道强烈，比金色朗姆酒更加醇厚，有些会加焦糖调色，除了调鸡尾酒，还会用来烹调菜肴。

（2）按照香气分类

①清香朗姆酒。这一类型的朗姆酒通常从浅色到金黄色，香气清新干爽，适合与各种原料搭配成鸡尾酒，清香朗姆酒的主要产地为古巴和波多黎各。

②浓香朗姆酒。这一类型的朗姆酒通常从金黄色到深色，口感醇厚有浓郁的糖蜜香。这种香型以牙买加为代表。

图2.10　黑朗姆

③加香朗姆。这一类朗姆酒颜色多样，但以深色居多，之所以叫加香，是因为在酒水中添加了香草、橙皮、肉桂等调味香料，使得酒水获得比单纯陈年更加复杂的香气，这种独特的香气与滋味的朗姆酒陈放时间长的适合纯饮，酒龄较短的适合用来调酒。

④风味朗姆酒。这类朗姆酒是近年出现的新产品，在酒水中加入各种水果，酒液中带有明显的果味和果香，具有独特的风味，其酒精浓度较低，可单独饮用。

3）朗姆酒的品鉴

图2.11 郁金香形的酒杯

一瓶好的朗姆酒是值得细细品鉴的，如何品鉴一瓶朗姆酒呢？品鉴朗姆酒通常遵循以下几个步骤。

（1）查看酒标

拿到一瓶朗姆酒后，首先要查看酒瓶和酒标，从而了解一些基本信息，如酒名、品牌、产地、是否经过陈年或陈年的时间、酒水背后的故事等。所有的信息都要在品鉴前了解。

（2）选择合适的品酒杯

一个正确的品酒杯是品鉴朗姆酒的好帮手，品鉴朗姆酒的时候可以选择郁金香形的酒杯（图2.11），这种杯形有利于感受朗姆酒的香气。

（3）观酒色

先将朗姆酒倒入酒杯中，观察酒水的颜色（图2.12），判断是金黄色还是琥珀色。在良好的光线下，经过橡木桶陈年的朗姆酒会在玻璃杯的顶端泛出微微的绿色。然后晃杯，通过旋转酒杯，酒液开始出现挂杯，有经验的品酒师可以从挂杯的状态了解朗姆酒的黏度、厚度，有助于判断陈年的时间。通常情况下，挂杯流动速度越慢，酒水经过越长时间的陈年；而较年轻的朗姆酒，挂杯流动速度较快。

（4）闻酒香

将鼻子靠近酒杯吸气，然后反复重复这个动作，用心体会朗姆酒所散发的香气，联想所闻到的香气与什么香气类似，如香草、巧克力、糖果等（图2.13）。将闻到的香气记录在品酒本上。

图2.12 观酒色

（5）尝酒味

饮一口朗姆酒，确保朗姆酒能充满口腔，然后呼吸，让口腔感受到朗姆酒的滋味并将香气带到鼻腔，使得味觉感受器和嗅觉感受器都能感受到酒液的特点。接着让朗姆酒在口腔内流动，像是在对朗姆酒进行"咀嚼"，尽量让酒液接触舌头的每一寸，细心体会酒液内的细微滋味，判断这些滋味和香气并进行联想，如皮革、醋栗等。最后吞下酒液，当酒液沿着食道流动，仔细体会是否辛辣，是否温暖，是否香气悠长等。这些感觉通常与最初品饮时的感受不同，称为朗姆酒的余韵。如果朗姆酒有漫长的余韵，说明这款朗姆酒经历了多年的陈酿，而余韵较短的朗姆酒通常是陈年时间不足的年轻朗姆酒（图2.14）。

在品鉴时加入少许水，朗姆酒的香气会略有改变，可以品尝到纯饮感受不到的香气，有些品酒师会建议品饮一款朗姆酒时，

图2.13 闻酒香

图2.14 尝酒味

先纯饮品尝，再加入水品尝，两次品尝的感受会有所不同，有利于更全面地了解这款朗姆酒（图2.15）。

图2.15 品酒

任务3 朗姆酒的名厂与名酒

朗姆酒种类繁多，不同的品牌因其历史、产地、口感、价格等的不同而各具特色。

（1）百加得 Bacardi

号称全球第一的朗姆酒是百加得朗姆酒，其柔和清爽的口感搭配标志性的蝙蝠商标，迅速赢得消费者的欢心。

19世纪下半叶，葡萄酒商唐·法卡多·百加得从西班牙移民到古巴，开始研究酿制朗姆酒，酿出了既温和柔顺又圆润温雅的朗姆酒，并在之后不断地改进，最终在1862年，百加得朗姆酒诞生了。

百加得的主力产品被誉为"随身酒吧"，因为它随意搭配其他软饮都很好喝，无论是加果汁还是加汽水都很赞，所以是酒吧的首选朗姆酒品牌，很多热门鸡尾酒都用这款酒调配。

百加得的主要品种包括百加得金朗姆酒、百加得白朗姆酒、百加得黑朗姆酒、百加得陈酿8年、百加得151（图2.16）。

（a）百加得金、白、黑朗姆酒　（b）百加得陈酿8年　（c）百加得151

图2.16 百加得朗姆酒

（2）美雅士朗姆酒 Myers's Rum

19世纪下半叶，牙买加有一个名叫弗列德·刘易斯·美雅士的蔗糖农场主，1879年他开始利用农场的副产品酿造朗姆酒，并精选20种原酒装入橡木桶中熟成，陈年时间长达4年。好的美雅士会陈年更长的时间，之后再以代代相传的技术进行调和，便获得了风味浓郁、口感甘甜厚重、芳香馥郁、颜色饱满的黑朗姆酒。后来又诞生了口感温和的淡香型白色朗姆酒。

美雅士朗姆酒除了纯饮和调配鸡尾酒，还常用来制作西式点心，增加点心的风味和口感。

美雅士朗姆酒的主要品种包括美雅士黑色朗姆酒、美雅士白金级白色朗姆酒（图2.17）。

（a）美雅士黑色朗姆酒　　　（b）美雅士白金级白色朗姆酒

图2.17　美雅士朗姆酒

（3）哈瓦那俱乐部 Havana Club

1878年哈瓦那俱乐部（图2.18）蒸馏酒厂创立，这款产于古巴的朗姆酒有着得天独厚的优势，质量优异的甘蔗、加勒比浪漫的气候以及技术卓越的酿酒师，这些因素造就了口感甘润清甜、果香芬芳的朗姆酒。其中，白朗姆酒在橡木桶中陈年很短的时间，其酒液清澈，有淡淡的香草清香，甜度和清爽的口感平衡，是调制精清爽鸡尾酒的优选基酒。3年朗姆酒在橡木桶中陈年一段时间，被赋予了浅浅的阳光色泽，风味比起白兰姆酒要偏干，也更加复杂，除了调配鸡尾酒，还适合纯饮。7年朗姆酒有着漂亮的深红色，它的香气复杂多变，带有热带水果、巧克力、香草等香气，适合净饮也可以用来调配鸡尾酒。

哈瓦那俱乐部主要品种包括哈瓦那白朗姆酒、哈瓦那俱乐部3年朗姆、哈瓦那俱乐部7年黑朗姆酒（图2.19）。

图2.18　哈瓦那俱乐部商标

（a）哈瓦那白朗姆酒　（b）哈瓦那俱乐部3年朗姆　（c）哈瓦那俱乐部7年黑朗姆酒

图2.19　哈瓦那俱乐部

朗姆酒品牌众多，还有一些其他品牌也非常优秀，如Appleton阿波敦、Clement克莱蒙堡、Trois Rivieres三河牌、Dillon迪伦、Ronrico郎立可、Santa Teresa圣泰瑞莎、Ron Zacapa罗恩萨卡帕等。

任务4　朗姆鸡尾酒的调配

（1）自由古巴 Cuba libre

简介：相传在1898年美西战争末期，一位名为弗斯托·罗德里格斯的传令兵邀请队长到酒吧喝酒，队长要求调酒师用百加得朗姆酒、可口可乐、柠檬角调酒，这种喝法备受好评，因为材料中同时有美国的可口可乐和古巴的朗姆酒，众人就举杯高喊祝酒词"解放古巴"。自由古巴因此得名。还有其他的说法，相传1902年，古巴人民进行反对西班牙的独立战争，Cuba libre是他们的口号，当古巴从西班牙手中独立时，就有了这款名为"自由古巴"的鸡尾酒。

有趣的历史典故可以为这款鸡尾酒增加乐趣，酒本身的口感也很重要，这款酒本身十分适口，朗姆酒的香气中略带甘蔗甜香与可口可乐的甜蜜出奇地搭配，再点缀柠檬的清新香气，这款酒绝对在很多人的必点清单上（图2.20）。

载具：高球杯或柯林杯。

调配方法：直调法。

酒方：朗姆酒45 mL、青柠檬角2个、可乐适量、冰块适量。

制作步骤：

①酒杯中装满冰块。

②朗姆酒注入杯中，让酒液顺着冰块下滑。

③将洗净切好的青柠挤汁后放入杯中。

④用可乐注满酒杯，用柠檬角作装饰。

图2.20　自由古巴

（2）莫吉托 Mojito

简介：如果列一个备受大众欢迎的鸡尾酒名单，莫吉托必然名列前茅。莫吉托清澈透明的酒液中点缀着青翠的薄荷，冰冰凉凉、清清爽爽、酸酸甜甜，突出的薄荷清香是它的特色，这样的鸡尾酒谁能不爱。

相传莫吉托诞生于古巴革命时期，是由英国海盗弗朗西斯·德雷克爵士发明的，是一种海盗饮品。可这么小清新的饮品怎么能是海盗饮品呢？还有另外一种说法是莫吉托是中南美洲当地人用于治病的饮品，可以用来对抗痢疾、坏血病等航海者常有的病症。

无论莫吉托起源如何，人们都无法拒绝一杯薄荷清新与青柠清香交织的莫吉托（图2.21）。

载具：梅森杯、柯林杯。

调配方法：直调法。

酒方：朗姆酒60 mL、柠檬汁25 mL、白砂糖5 g、苏打水适量、薄荷叶适量、青柠檬片1个、冰块适量。

制作步骤：

①在杯中放入8～10片薄荷叶、白糖，用捣棒碾压薄荷叶让香气溢出。

②在杯中加入朗姆酒，倒入柠檬汁。

③用吧勺搅拌至砂糖化开，加入半杯冰块，放入青柠檬片。

④将冰块填至杯口，倒入苏打水至满杯，用吧提拉让材料混合均匀。

⑤在杯口处装饰一株薄荷叶。

图2.21　莫吉托

（3）戴吉利 Daiquiri

简介：这是一款白色略带黄色的鸡尾酒，酸酸甜甜很好入口。从酒谱上可知，这是一款Rum Sour，其实朗姆酒自带的甘蔗甜香十分适合搭配果汁，广泛用于搭配酸味果汁的热带调酒。

相传戴吉利起源于19世纪末的美西战争，当时在古巴的美国矿工工头詹宁斯·考克斯以当地的朗姆酒为基酒调制，并以当地矿山的名字Daiquiri命名这款酒。1909年，美军医官卢修斯·约翰逊将戴吉利带回华盛顿特区的海军与陆军俱乐部，让这款酒开始在美国本土流传。第二次世界大战爆发后，粮食需求让威士忌与啤酒产量大减，当时的美国总统罗斯福为了拉拢中南美洲，推行的睦邻政策中包含采用当地生产的朗姆酒，间接促进了这款酒的流行。

戴吉利除了酒谱中所写的无冰版本，还有一款霜冻版本，就是在酒谱的基础上，采用电动调和法将原料与冰块一起打成沙冰，沙冰的口感更加清淡冰爽，十分适合夏季饮用（图2.22）。

载具：碟形香槟杯或笛形香槟杯。

调配方法：摇和法。

酒方：白朗姆酒45 mL、柠檬汁15 mL、糖浆20 mL、柠檬片1片。

制作步骤：

①用冰块提前对酒杯进行冰杯。

②在雪克壶中放入冰块，将所有的原料放入雪克壶，摇荡均匀。

③将酒液倒入冰过的杯子中。

④用柠檬片做装饰。

戴吉利

绿眼

图2.22 戴吉利

（4）蛋酒 Eggnog Cocktail

简介：这款鸡尾酒有着如同啤酒一般细腻漂亮的泡沫，让人幻想它会拥有美味的口感，其实不然，这款酒并不是大众都能接受的口味，很多人不能接受在饮品中加入生鸡蛋，在给朋友推荐这款鸡尾酒时要格外慎重，但如果刚好喜欢鸡蛋的浓郁以及牛奶的醇香，那不要错过这款鸡尾酒。

相传在英属北美殖民地时期（1607—1775年），人们用朗姆酒混合鸡蛋和牛奶来制作蛋酒，从19世纪起，蛋酒开始在北美流行起来，并成为圣诞节人们必备的节日饮品（图2.23）。

载具：海波杯。

调配方法：摇和法。

酒方：白朗姆酒15 mL、白兰地40 mL、鲜奶70 mL、糖浆15 mL、蛋黄1个、豆蔻粉少许、冰块适量。

制作步骤：

①先将杯中装入三成满冰块。

②在摇酒器中装入冰块，装入除蛋黄、豆蔻粉之外的全部材料。

③放入蛋黄（避免材料结块）。

④摇荡摇酒器至外部结霜，将鸡尾酒滤至杯中。

⑤放入调酒棒，撒上豆蔻粉装饰即可。

图2.23 蛋酒

（5）双倍老爸 PaPa Doble

简介：这款鸡尾酒有着明亮的黄色，沙冰的做法以及清爽的装饰仿佛一个诱人的甜品，但不要小看这款鸡尾酒，它无糖基酒翻倍的酒方只有重型醉汉才能顶得住。

相传1918年，古巴传奇调酒师康斯坦丁诺（Constantino）盘下原本打工的Floridita成为老板后，他用精心调制的霜冻戴吉利打响名号，让Floridita有了戴吉利摇篮之称。有一次，海明威来此品尝了这里的戴吉利，虽然觉得口感不错但不够过瘾，随即要求一杯无糖朗姆酒翻倍的版本，喝过之后十分中意，从此这款酒就变成了海明威的专属特调，据说他一个晚上可以喝上十来杯，喝不够还会用水壶外带。后来，Floridita在原来的酒方上添加少量的玛拉斯奇诺酒和葡萄柚汁，称为海明威戴吉利（Hemingway Daiquiri）。因为海明威很受当地人的欢迎，大家都用PaPa称呼他，原本放了翻倍朗姆酒的版本就被称为PaPa Doble。酒量不错的人不妨来尝一尝这款可以让海明威整晚狂饮、爱不释手的鸡尾酒（图2.24）。

载具：小海波杯或坦不勒杯。

调配方法：电动调合法。

酒方：朗姆酒90 mL、玛拉斯奇诺15 mL、柠檬汁30 mL、葡萄柚汁45 mL、冰块适量、柠檬片2片。

制作步骤：
①用杯子量取适量的冰。
②所有的原料入机器搅打成冰沙。
③将鸡尾酒沙冰倒入杯中。
④用柠檬片装饰。

双倍老爸

图2.24　双倍老爸

鸡尾酒调制学习任务书——朗姆酒及朗姆鸡尾酒调制

课程开始：请同学们明确教学目的与本节课重难点。

1. 在本节课需要掌握什么？＿＿＿＿＿＿＿＿＿＿＿＿＿＿＿＿＿＿＿＿。
2. 本节课的难点是什么？＿＿＿＿＿＿＿＿＿＿＿＿＿＿＿＿＿＿＿＿。
3. 本节课的重点是什么？＿＿＿＿＿＿＿＿＿＿＿＿＿＿＿＿＿＿＿＿。

学习活动 1：夯实基础

任务描述（可能的工作场景）：

1. 作为酒店一名有经验的酒水推销员，请你为金色酒吧的客人推荐一款合适的朗姆酒。

2. 西餐厨房的总厨正在研究开发一款新的菜品，需要搭配一款朗姆酒，请你就菜品特色推荐一款合适的朗姆酒。

任务分解：

1. 以小组为单位在网络上搜索朗姆酒的相关知识，包括酒水历史、酒水种类、酿酒原料、酿造工艺以及酒水特色等。

酒水历史：＿＿＿＿＿＿＿＿＿＿＿＿＿＿＿＿＿＿＿＿＿＿＿＿＿＿＿
＿＿＿＿＿＿＿＿＿＿＿＿＿＿＿＿＿＿＿＿＿＿＿＿＿＿＿＿＿＿＿＿＿
＿＿＿＿＿＿＿＿＿＿＿＿＿＿＿＿＿＿＿＿＿＿＿＿＿＿＿＿＿＿＿＿＿

酒水种类：_____

酿酒原料：_____

酿酒工艺：_____

_____

酒水特色：_____

_____

_____

酒水配餐：_____

2. 以小组为单位在网络上尽可能多地查找朗姆酒的品牌，了解品牌特色和售价。

3. 盘点实训室的朗姆酒库存，了解其品牌、特色和售价。

4. 品鉴朗姆酒，了解其酒水特色。

5. 请你根据以上任务分解步骤完成以下品酒记录表（如果表格不够请自行增加）。

序号	酒水名称	所属品牌	相关内容（历史、类别等）	售 价	酒水特色（品鉴后填写）
1					
2					
3					
4					
5					
6					
7					
8					

学习活动 2：基础技能

任务描述（可能的工作场景）：你在一家酒店的特色酒吧工作，来酒吧喝酒的客人点了一杯自由古巴，这款鸡尾酒由你进行调配。

任务分解：

1. 明确自由古巴的相关知识，包括由来、酒方、载具、调配方法、装饰。
2. 完成调配方法的基础练习。
3. 完成自由古巴调配，展示你的作品。

学习活动 3：基础技能

任务描述（可能的工作场景）：你在一家酒店的特色酒吧工作，来酒吧喝酒的客人点了一杯黛绮丽，这款鸡尾酒由你进行调配。

任务分解：

1. 明确黛绮丽的相关知识，包括由来、酒方、载具、调配方法、装饰。
2. 完成调配方法的基础练习。
3. 完成黛绮丽调配，展示你的作品。

学习活动 4：基础技能

任务描述（可能的工作场景）：你在一家酒店的特色酒吧工作，来酒吧喝酒的客人点了一杯莫吉托，这款鸡尾酒由你进行调配。

任务分解：

1. 明确莫吉托的相关知识，包括由来、酒方、载具、调配方法、装饰。
2. 完成调配方法的基础练习。
3. 完成莫吉托调配，展示你的作品。

学习活动 5：基础技能

任务描述（可能的工作场景）：你在一家酒店的特色酒吧工作，来酒吧喝酒的客人点了一杯双倍老爸，这款鸡尾酒由你进行调配。

任务分解：

1. 明确双倍老爸的相关知识，包括由来、酒方、载具、调配方法、装饰。
2. 完成调配方法的基础练习。
3. 完成双倍老爸调配，展示你的作品。

学习活动 6：高阶技能

任务描述（可能的工作场景）：客人在品尝过传统朗姆酒鸡尾酒后，要求品尝一款你们酒吧特色的朗姆酒鸡尾酒，这款鸡尾酒由你进行调配。

任务分解：

1. 你可以按照以下思路设计一款鸡尾酒。

（1）在原有配方上进行更改。

（2）使用鸡尾酒调配公式。

①（Highball）基酒＋软性饮料。

②（Sour）酒＋酸＋甜。

③（Old Fashioned）烈酒＋甜＋水＋苦精。

④（Daisy）混合烈酒＋红石榴糖浆＋酸味果汁＋苏打水。

⑤（Punch）酒＋糖＋柠檬＋水＋茶或香料。

（3）设计口味。

①少女模式：酸酸甜甜，没有酒味。

②硬汉模式：酒精浓度高，偏苦偏甜。

（4）选择特定的元素进行设计。

（5）符合特定场景饮用的鸡尾酒设计。

2. 你可以在以下资源里寻找灵感。

参考书目：《调好一杯鸡尾酒》《鸡尾酒世界》《鸡尾酒笔记》。

以小组为单位，将设计的鸡尾酒写在下面，写明使用场景、设计思路、主打人群、酒方、调制过程。

使用场景：_____

设计思路：_____

_____

主打人群：_____

酒方：_____

调制过程：_____

_____

_____

以小组为单位将设计稿画在展示纸上。

课程总结：（请将你本节课所学到的知识写在横线上）

_____

_____

任务书完成打分

姓　名	分　数

项目3

伏特加和
伏特加鸡尾酒的调配

知识目标

1. 掌握伏特加的定义与起源。

2. 了解伏特加的生产过程。

3. 掌握伏特加的分类。

4. 了解伏特加的名厂与名酒。

技能目标

1. 掌握伏特加的品鉴方法。

2. 掌握伏特加鸡尾酒的调配技法。

3. 能够调配多款以伏特加为基酒的鸡尾酒。

素质目标

1. 通过对伏特加知识的学习，培养学生成为调酒师的基本素养。学生能够忠于职守、爱岗敬业、诚实守信、礼貌待人。

2. 通过伏特加调酒技能的训练，培养学生精益求精的职业精神。学生能够提升自己的技能水平，在打好基本功的前提下具有创新精神。

推荐课时：8课时。

任务1 伏特加的定义与起源

伏特加是指以谷物、马铃薯或甜菜等为原料（图3.1），经过酿制、蒸馏、淡化、活性炭过滤而成的纯粹的烈性蒸馏酒。通常可以用一个字来形容伏特加，那就是"纯"。经过白桦木制成的活性炭过滤，多余的成分都被吸附出去，只剩下纯粹到极致的酒液。有人戏称喝伏特加与喝酒精没区别。这个特点既是伏特加的优点（百搭全能选手）又是伏特加的缺点（缺乏独特的个性与风味）。

图3.1 谷物、马铃薯原料

鸡尾酒调酒师尤为喜欢伏特加百搭全能选手的身份，与其他基酒相比，用伏特加调酒更容易获得平衡的口感，非常适合用作鸡尾酒的基酒。作为一个新手调酒师，只需要选几款可口的软饮加入伏特加，就很适口了。

伏特加的主要产地之一是俄罗斯，此外，波兰、芬兰、瑞典等国家都生产质量优质的伏特加。大部分生产伏特加的国家都处于跨越欧洲东北到斯堪的纳维亚半岛的所谓"伏特加带（Vodka Belt）"。当然，是否地处"伏特加带"并不是酿造优质伏特加的必要条件。

伏特加一直是俄罗斯人引以为傲的饮品（图3.2），伏特加也是俄罗斯文化的代表符号之一。但伏特加的起源是有争议的，波兰和苏联曾为此吵上国际法庭，虽然双方都引经据典来证明是自己的国家孕育了伏特加，却都没有确切的证据支持自己的正统性。后来，一个名叫威廉·波赫列布金的历史学家论证了苏联人生产伏特加的时间比波兰人早几十年，这件事才算有了一个初步的结论。

图3.2 俄罗斯人钟爱伏特加

据说故事是这样的，红牌伏特加畅销海内外，给国家带来源源不断的收入。这款酒水有着脍炙人口的广告语："只有产自苏联的伏特加才是正宗的伏特加。"1978年，波兰政府针对伏特加这个名字专属权和红牌伏特加的广告语将苏联告上了国际法庭，声称伏特加起源于波兰而不是苏联，苏联人气愤过后开始着手反击。当时苏联国营进出口联合公司先是找到对口单位苏联食品管理部中央发酵司，但翻遍了档案也没有找到相关证明资料。随后，政府部门找到了专门研究烹饪历史的专家威廉·波赫列布金，他花费数年时间终于不负众望在1982年考证出了一个传奇故事。1478年，俄罗斯派出一个使者团出使意大利，其中一个名叫伊西多的希腊籍使者在意大利掌握了制作蒸馏酒的技术，回到俄罗斯的伊西多被关进了克里姆林宫的楚多夫修道院，为了能够逃离，伊西多利用修道院储藏的谷物酿酒，根据意大利的蒸馏技术改进了一个蒸馏装置，以此制作出第一瓶伏特加，接着他将酒送给了看管自己的狱卒，把看守灌醉后伊西多逃了出去，并离开莫斯科到了基辅。

如果仔细推敲一下这个故事，就会察觉其中的漏洞，如囚犯怎么接触到酿酒的粮食，又怎么在不惊动狱卒的情况下蒸馏酒水。但俄罗斯人还是很斩钉截铁地说波赫列布金无可争议地证明了伏特加是在1478年克里姆林宫诞生的。

因为这个故事有错漏，所以有一些理智的历史学家作了其他推测。有人坚信伏特加和门捷列夫有关，人们津津乐道门捷列夫在1865年撰写了一本蒸馏伏特加的书，他为这款深受人们喜爱的酒水取名伏特加，并规定纯正的伏特加标准酒精含量为40%。

还有推测指出，14世纪黑海沿岸的克里米亚半岛有一个名叫卡法的港口城市，热那亚商人在这里售卖蒸馏酒，那时蒸馏酒十分昂贵，是贵族之间互赠的礼物。大约在1395年，富裕繁忙的卡法港口被占，向北出逃的难民为莫斯科带来了蒸馏技术，莫斯科的修道院改进了这一技术，并把酿酒的谷物换成了本地的黑麦、小麦和绵软的山泉水，从而诞生了被俄国人视为生命的伏特加。

波兰人则认为他们生产伏特加的时间更早，据说故事是这样的，波兰天气寒冷，葡萄酒会自然而然地被冰冻。水在0 ℃以下会结冰，而乙醇的冰点为－117.3 ℃，利用乙醇的冰点比水更低这一原理，将冰冻葡萄酒中结冰的部分去掉，剩余的部分基本等同于蒸馏后的结果。

高度酒的出现也许早于蒸馏技术的发现，最开始伏特加并不是作为饮品出现在波兰人的生活中，而是被当作药物使用，1400年出现了更为先进的蒸馏技术，波兰人融入了这种新的蒸馏方法，从而生产出质量更高的伏特加。

1772年，欧洲权力平衡发生变化，波兰被俄国、奥匈帝国和普鲁士瓜分，波兰的历史学家认为伏特加是在这个时期由波兰传入俄国。

据说历史上伏特加曾被称为"生命之水"，现在这个名字不单用于伏特加，其他烈酒也会被喜爱它们的人称为"生命之水"。

任务2 伏特加的生产、分类与品鉴

1）伏特加的生产

伏特加的酿造原料广泛，各种谷物（裸麦、小麦、大麦）、马铃薯、糖蜜等都可以。还有使用甜菜、玉米、甘蔗、水果等酿造伏特加的。关于酿造原料，处于"伏特加带"的国家曾主张只有以谷物、马铃薯、糖蜜为原料制作的烈酒才能称为伏特加。德国霍斯特·施内尔哈特提出：凡不是以谷物、马铃薯、糖蜜这3种原料制作的伏特加，要在酒标上标注"××制成的伏特加"。传统认为，由谷物酿制而成的伏特加质量优于由马铃薯和甜菜酿制的伏特加。

选择好原料之后就进入酿造过程，从糖化到发酵再到蒸馏的过程与其他烈酒类似，但伏特加最显著的特点是先通过蒸馏制成95度的酒液，然后用蒸馏水淡化至40度，再经过白桦木炭过滤。每10 L酒液用1.5 kg木炭连续过滤不得少于8 h，40 h后至少换掉10%的木炭（图3.3）。最后一道工序是其他烈酒制作所没有的，也是伏特加中性特点的由来。据说到19世纪初期才开始采用这一工艺，可以纯化到酒质晶莹剔透，不苦、不甜、不涩、不香，只有烈焰般的刺激口感，还可以留下部分基础原料的风味。

过滤之后酒液会立即被装瓶，不需要经过熟成。伏特加也被笑称为"纯烈酒"。

图3.3　白桦树制作的木炭

2）伏特加的分类

伏特加通常分为两类：一类是标准伏特加；另一类是加味伏特加。

（1）标准伏特加

标准伏特加是通过一般方法酿造而成的无色、无味、中性的伏特加，俄罗斯出产的伏特加大都属于这一类，有时也称为传统伏特加。

（2）加味伏特加

加味伏特加是在酿造过程中加入一些花卉、水果、香草、树皮等调香原料，波兰出产的伏特加多属于这一类。加味伏特加种类繁多，如加入柠檬果皮、橘子、苹果或梨的新芽、杜松子、白兰地等（图3.4），最为著名的是波兰添加了野牛草的野牛草伏特加（图3.5）。

图3.4　加味伏特加　　　　图3.5　野牛草伏特加

加味伏特加比标准伏特加更有韵味，这是波兰伏特加与俄罗斯伏特加最主要的区别。

3）伏特加的品鉴

　　绝大多数伏特加无色无味，只有酒精纯粹的冰冷又灼热的口感，对伏特加的品鉴通常不会同其他烈酒一样讲究和优雅，而是用一口喝下的方式向人们展示自己超人的酒量。

　　伏特加酒液经过白桦木炭过滤，有人认为，伏特加的清澈口感中带有皑皑白雪下白桦树林的清爽香气，这为酒水平淡的风味增添了一抹空灵的气息，使天生带有硬汉风格的伏特加多了一丝柔软。

　　对于俄罗斯民众而言，伏特加是餐桌上的必备饮品，搭配黑面包或者酸黄瓜、奶酪、香肠等，就能美美地饱餐一顿（图3.6）。对于酒量一般的品鉴者而言，将伏特加调配成喜欢的鸡尾酒再进行品鉴，是很不错的选择。

图3.6　伏特加配菜

任务3　伏特加的名厂与名酒

　　将伏特加视为文化符号的俄罗斯、据说是起源地的波兰、号称消费量第一的美国、地处伏特加带的欧洲国家都生产了让人爱不释手的伏特加，以下介绍几个独具特色的伏特加品牌。

（1）苏联红伏特加 Stolichnaya

苏联红伏特加诞生于1901年的莫斯科，简称Stoli，也译为苏托利。Stolichnaya在俄语中含义是首都，有人戏称应该译为首都牌伏特加。酒标上的形象为莫斯科饭店，该品牌最开始是在政府的控制下，到1999年转为私人所有。据传，这是俄罗斯伏特加第一个出口的品牌，在1974年出口美国并进口百事可乐。它虽然诞生于俄罗斯，但现在除俄罗斯之外拉脱维亚也有生产。

这款酒水以小麦、裸麦为原料，配以天然纯净的水质（两个隔水层之间的高纯水质）进行酿制，在连续蒸馏之后用白桦木炭和石英砂进行过滤，这样的工序赋予了苏联红伏特加温和纯净的口感。

无论是冰镇饮用，还是加冰饮用或者是搭配同样由小麦和黑麦制作的俄罗斯传统黑面包都是推荐的饮用方式。

苏联红伏特加的主要品种包括苏联红伏特加40度和苏联红香橙口味（图3.7）。

（a）苏联红伏特加40度　　　（b）苏联红香橙口味

图3.7　苏联红伏特加

苏联红伏特加十分出名，苏联红伏特加不止一次出现在影视作品中，在罗杰·摩尔饰演的电影中，男主角邦德非常喜欢各式烈酒。在《杀人视角》中便出现了苏联红伏特加的身影（图3.8）。在2007年播出的、反映第二次世界大战以后美国在20世纪60年代社会、经济、政治等剧烈变革的年代剧《广告狂人》中，也出现了苏联红伏特加，据说20世纪60年代的美国还没有这款酒，这也成为这部影视作品的漏洞之一（图3.9）。

图3.8　《杀人视角》中的苏联红伏特加　　　图3.9　《广告狂人》中的苏联红伏特加

（2）皇冠伏特加 Smirnoff

皇冠伏特加有时被译为思美洛伏特加，据说是1864年彼得·A.思美洛经过多年的研究改进，终于酿造出了令他满意的伏特加。其品质在当时得到亚历山大三世极高的赞誉，并指定其为自己的御用伏特加，从此皇冠伏特加便成为上流贵族们追捧的珍品。1818年，在莫斯科建立了皇冠伏特加酒厂，1917年十月革命后，政府没收了所有的莫斯科私人企业，1920年家族中的一个儿子Vladimir来到法国定居，后来遇到了在美国工作的俄罗斯人Rudolf Kunett，两人一拍即合，在美国建立了皇冠伏特加酒厂并开始销售。

两人对伏特加有着深刻的认识，再加上优良的酿造工艺，皇冠伏特加一开始就确立了至真、至纯、至清的核心品质，它拥有47种质量标准，每一滴酒液都需要至少8 h通过1.4万磅木炭，这种精工细作、严格要求在伏特加酒工业中首屈一指。皇冠伏特加很快凭借过硬的品质占领世界伏特加销售榜的首位。代表品牌No.21清爽、纯净、剔透，非常适宜调制鸡尾酒。

皇冠伏特加主要品种包括皇冠No.21、皇冠蓝标、皇冠黑标。比起皇冠No.21是标准的40度，蓝标酒精度数高达50度，而中国市场上相对少见的黑标则口味层次多样、圆润柔和（图3.10）。

（a）皇冠伏特加标志　（b）皇冠No.21　（c）皇冠蓝标

图3.10　皇冠伏特加

（3）绝对伏特加 Absolut

瑞典的伏特加始于15世纪。1879年，瑞典人拉斯·奥尔松·史密斯发明了连续蒸馏法，这种工艺改变了瑞典以往粗糙的酿造方法，可以将酿酒过程中出现的小麦渣滓和水中的杂质去掉，使酒液更加纯净。1904年，瑞典南部的奥胡斯小镇建立了一家酒厂，它沿用了连续蒸馏工艺，这家酒厂是瑞典第一个工厂化生产伏特加的酒厂。1975年，在拉斯·奥尔松·史密斯方法的基础上，融入现代技术手段，精挑细选当地的冬小麦搭配天然深井水，由此获得的上乘伏特加被命名为绝对伏特加。

为了纪念拉斯·奥尔松·史密斯，每一瓶绝对伏特加的瓶身上都有他的头像（图3.11），而盛装绝对伏特加的瓶身也是经过特别的设计，灵感来自欧洲的古典药瓶，短颈圆肩的水晶瓶再加上直接印在瓶身上的文字，成就了绝对伏特加独特的造型（图3.12）。

图3.11　绝对伏特加瓶身上的头像　　图3.12　绝对伏特加独特的造型

1979年，绝对伏特加进入美国市场时，美国烈酒市场竞争激烈，不但有本土品牌，还有来自俄罗斯的伏特加品牌，如何在有本地优势的美国本土品牌和自带原产地背书的俄罗斯品牌中脱颖而出，是绝对伏特加需要解决的首要问题，而出色的广告宣传成了它的"杀手锏"，它的广告被誉为"全球创意营销天花板"，其销量也因此逐年上升，现在已经是世界市场上知名度最大的伏特加品牌之一。

20世纪80年代起，为了适应年轻买家的口味，绝对伏特加开始研发其他口味，柠檬、香草、柑橘、黑加仑等口味的出现壮大了绝对伏特加家族。

绝对伏特加从诞生到现在全部产自奥胡斯，包括原料、生产、管理等，其他地方没有生产。

绝对伏特加的主要品种（图3.13）包括绝对伏特加（酒精度40度）、绝对伏特加柠檬口味（酒精度40度）、绝对伏特加黑加仑口味（酒精度40度）。

图3.13　不同风味的绝对伏特加

伏特加品牌众多，还有一些非常优秀的其他品牌，如Finlandia芬兰伏特加、Zubrowka（野牛草）、Absolwent（亚伯索罗文）、Wyborowa（维波罗瓦）、Belvedere（雪树）、Viru Valge（温芝伏特加）、Samane（沙门伏特加）等。

任务4　伏特加鸡尾酒的调配

（1）长岛冰茶 Long Island Ice Tea

简介：如果想要在不知不觉中醉倒，长岛冰茶绝对是首选。长岛冰茶有着茶的颜色，甜蜜不刺激的口感，以及绝对高的酒精含量。它拥有5种高度烈酒，掺和饮用本来就让人更容易醉倒，而可乐的存在降低了酒精的刺激感，看起来温和无害的它能让人在毫无防备中酩酊大醉，有人把长岛冰茶戏称为"常倒冰茶"。

相传20世纪70年代罗伯特·巴特（Robert Butt）在纽约长岛的橡树海滩俱乐部(Oak Beach Inn)工作，某个晚上店里举办了一场创意鸡尾酒比赛，规定参赛者的酒谱要有白橙皮酒（Triple Sec）这种材料，他就用4种烈酒加酸甜汁，再加一点可乐调色调味，便成了这杯深受大众喜爱的长岛冰茶。另一种说法是这款酒起源于20世纪20年代的美国禁酒令时期，老毕肖普(Old Man Bishop)在美国田纳西州金斯波特市的长岛地区创作了长岛冰茶（图3.14）。

载具：柯林杯或海波杯。

调配方法：调合法。

酒方：朗姆酒15 mL、伏特加15 mL、金酒15 mL、龙舌兰15 mL、君度利口酒5 mL、柠檬汁20 mL、可乐适量、青柠檬1片、冰块适量。

制作步骤：

①在酒杯中装入冰块。

②将可乐与柠檬片以外的材料倒入雪克壶，摇动至壶外壁起霜。

③将调好的酒液滤冰倒入杯中。

④在杯中慢慢倒入可乐，使之呈现茶色。

⑤切一片黄柠檬，放在杯口作为装饰即可。

长岛冰茶   巧克力
          马天尼

图3.14 长岛冰茶

（2）白色俄罗斯 White Russian

简介：喜欢咖啡的口感又不想放弃饮酒，白色俄罗斯就是不错的选择。白色俄罗斯有着漂亮的白色奶油层，仿佛冬天里俄罗斯屋顶上皑皑的白雪，这种既美观又有好口感的鸡尾酒，谁能不爱呢。

白色俄罗斯是在黑色俄罗斯的基础上加入一份鲜奶油，调酒师可以根据个人偏好更换为鲜奶或者Half&Half，客人饮用时搅拌一下，它就会呈现温柔的拿铁色泽，不仅口感好还能防止饮用时嘴角沾上奶油。与黑色俄罗斯相比，白色俄罗斯更受女士的喜爱。

相传1963年首次出现伏特加与奶油及香甜酒结合的鸡尾酒，名叫俄罗斯熊，酒谱是伏特加、可可酒、奶油、糖。两年后，南方安逸为了推广自家咖啡酒，在《波士顿环球报》的广告中以白色俄罗斯为名刊登酒谱。1998年，一部名为 *The Big Lebowski* 的电影让白色俄罗斯出现在大银幕上，由杰夫·布里吉斯饰演的男主角喝的就是它。还有一种说法，白色俄罗斯这一名称来自俄罗斯内战时一个反布尔什维克组织（图3.15）。

载具：古典杯。

调配方法：搅和法。

酒方：伏特加60 mL、卡鲁哇20 mL、鲜奶油适量、冰块适量。

制作步骤：

①将伏特加和卡鲁哇注入盛有冰块的古典杯中调匀。

②轻轻地在酒面上淋入鲜奶油，使其浮于表面即可。

白色俄罗斯

图3.15　白色俄罗斯

（3）血腥玛丽 Bloody Mary

简介：血腥玛丽这个名字看起来带有恐怖的气氛，这款鸡尾酒的口感并不好，大多数人都不喜欢这款集合了番茄汁、辣椒油和胡椒粉的奇怪饮品，甚至有些人说它堪比黑暗料理。但这款酒在某些罚酒或打赌的场合尤其好用，也有人表示这款酒的口感不错，蔬果汁加上伏特加挺好喝的。若是酒谱中没有辣椒油和胡椒粉，倒是挺符合大众口味的。

相传传奇调酒师费尔南多·皮托（Fernand Petiot）16岁就进入巴黎的"纽约酒吧"工作，被人亲切地称呼为皮特（Pete）。当时恰逢俄国革命，难民便将故乡的伏特加带入欧洲，皮特用伏特加混合番茄汁调出血腥玛丽，这款酒一经推出就俘获了众人的心，成为最早以伏特加为基酒的经典鸡尾酒之一。美国禁酒令结束后（1934年），皮特进入纽约圣瑞吉酒店的科尔王酒吧（King Cole Bar）工作，据说他本想在这里推广血腥玛丽，但因为名称不够典雅，伏特加在美国太冷门，所以改为红雕鱼。1934年的某一天，俄罗斯王子造访科尔王酒吧，他不喜欢红雕鱼，希望能够更改一下口味，于是皮特就加了辣椒、胡椒、柠檬汁。20世纪40年代，这款酒被正式命名为Bloody Mary（图3.16）。

载具：柯林杯。

调配方法：滚动法。

酒方：伏特加45 mL、番茄汁120 mL、柠檬汁15 mL、纯糖浆25 mL、辣椒油少许、辣椒酱少许、胡椒盐少许、西芹叶少许、冰块适量。

制作步骤：

①将冰块加入杯中。

②将原料（西芹除外）倒入调酒杯A中，与调酒杯B配合使用滚动法调匀。

③将混合的酒液倒入杯中，让酒液沿冰块下滑。

④附上一根西芹叶进行装饰。

血腥玛丽

图3.16 血腥玛丽

（4）醉酒的梵高 Vincent Van Gogh

简介：醉酒的梵高从名称上就充满了梦幻的艺术氛围，在外观上同样极具美感，上层浅黄，下层浅蓝，中间有淡淡的混色呈现。如果你是个颜控，那就点一杯醉酒的梵高，它一定不会让你失望（图3.17）。

载具：马天尼杯。

调配方法：摇和法。

酒方：伏特加30 mL、蓝橙利口酒15 mL、菠萝汁30 mL、柠檬汁5 mL、冰块适量。

制作步骤：

①将伏特加、菠萝汁、柠檬汁倒入盛有冰块的摇酒器，摇至外部结霜后滤入冰镇过的鸡尾酒杯中。

②用吧勺将蓝橙利口酒缓缓注入，分层后即可。

醉酒的梵高

冻桃桃
伏特加

图3.17 醉酒的梵高

鸡尾酒调制学习任务书——伏特加及伏特加鸡尾酒调制

课程开始：请同学们明确教学的目的与本节课重难点。

1. 在本节课需要掌握什么？ _____。
2. 本节课的难点是什么？ _____。
3. 本节课的重点是什么？ _____。

学习活动1：夯实基础

任务描述（可能的工作场景）：

1. 作为酒店一名有经验的酒水推销员，请你为金色酒吧的客人推荐一款合适的伏特加。

2. 西餐厨房的总厨正在研究开发一款新的菜品，需要搭配一款伏特加，请你就菜品特色推荐一款合适的伏特加。

任务分解：

1. 以小组为单位在网络上搜索伏特加的相关知识，包括酒水历史、酒水种类、酿酒原料、酿造工艺以及酒水特色等。

酒水历史：_____

_____

_____

酒水种类：_____

酿酒原料：_____

酿酒工艺：_____

_____

酒水特色：_____

_____

_____

酒水配餐：_____

2. 请以小组为单位在网络上尽可能多地查找伏特加的品牌，了解品牌特色及售价。
3. 盘点实训室的伏特加库存，了解其品牌、特色及售价。
4. 品鉴伏特加，并了解其酒水特色。
5. 请你根据以上任务分解步骤完成以下品酒记录表（如果表格不够请自行增加）。

序号	酒水名称	所属品牌	相关内容（历史、类别等）	售　价	酒水特色（品鉴后填写）
1					

序号	酒水名称	所属品牌	相关内容（历史、类别等）	售　价	酒水特色（品鉴后填写）
2					
3					
4					
5					
6					
7					
8					

学习活动2：基础技能

　　任务描述（可能的工作场景）： 你在一家酒店的特色酒吧工作，来酒吧喝酒的客人点了一杯长岛冰茶，而这款鸡尾酒由你进行调配。

　　任务分解：

　　1.明确长岛冰茶的相关知识，包括由来、酒方、载具、调配方法、装饰。

　　2.完成调配方法的基础练习。

　　3.完成长岛冰茶调配，展示你的作品。

学习活动3：基础技能

　　任务描述（可能的工作场景）： 你在一家酒店的特色酒吧工作，来酒吧喝酒的客人点了一杯白色俄罗斯，这款鸡尾酒由你进行调配。

　　任务分解：

　　1.明确白色俄罗斯的相关知识，包括由来、酒方、载具、调配方法、装饰。

2. 完成调配方法的基础练习。

3. 完成白色俄罗斯调配，展示你的作品。

学习活动 4：基础技能

任务描述（可能的工作场景）： 你在一家酒店的特色酒吧工作，来酒吧喝酒的客人点了一杯玛丽·毕克馥，这款鸡尾酒由你进行调配。

任务分解：

1. 明确血腥玛丽的相关知识，包括由来、酒方、载具、调配方法、装饰。

2. 完成调配方法的基础练习。

3. 完成血腥玛丽调配，展示你的作品。

学习活动 5：基础技能

任务描述（可能的工作场景）： 你在一家酒店的特色酒吧工作，来酒吧喝酒的客人点了一杯醉酒的梵高，这款鸡尾酒由你进行调配。

任务分解：

1. 明确醉酒的梵高的相关知识，包括由来、酒方、载具、调配方法、装饰。

2. 完成调配方法的基础练习。

3. 完成醉酒的梵高调配，展示你的作品。

学习活动 6：高阶技能

任务描述（可能的工作场景）： 客人在品尝过传统伏特加鸡尾酒后，要求品尝一款你们酒吧特色的伏特加鸡尾酒，这款鸡尾酒由你进行调配。

任务分解：

1. 你可以按照以下思路来设计一款鸡尾酒。

（1）在原有的配方上进行更改。

（2）使用鸡尾酒调配公式。

①（Highball）基酒＋软性饮料。

②（Sour）酒＋酸＋甜。

③（Old Fashioned）烈酒＋甜＋水＋苦精。

④（Daisy）混合烈酒＋红石榴糖浆＋酸味果汁＋苏打水。

⑤（Punch）酒＋糖＋柠檬＋水＋茶或香料。

（3）设计口味。

①少女模式：酸酸甜甜，没酒味。

②硬汉模式：酒精浓度高，偏苦偏甜。

（4）选择特定的元素进行设计。

（5）符合特定场景饮用的鸡尾酒设计。

2. 你可以在以下资源里寻找灵感。

参考书目：《调好一杯鸡尾酒》《鸡尾酒世界》《鸡尾酒笔记》。

以小组为单位，将设计的鸡尾酒写在下面，要写明使用场景、设计思路、主打人群、酒方、调制过程。

使用场景：_____

设计思路：_____

_____

主打人群：_____

酒方：_____

调制过程：_____

_____

_____

以小组为单位，将设计稿画在展示纸上。

课程总结：（请将你本节课所学到的知识写在横线上）

_____

_____

任务书完成打分

姓　名	分　数

项目4

金酒和
金酒鸡尾酒的调配

知识目标

1. 掌握金酒的定义与起源。

2. 了解金酒的生产过程。

3. 掌握金酒的分类。

4. 了解金酒的名厂与名酒。

技能目标

1. 掌握金酒的品鉴方法。

2. 掌握金酒鸡尾酒的调配技法。

3. 能够调配多款以金酒为基酒的鸡尾酒。

素质目标

1. 通过对金酒知识的学习，让学生感受世界酒文化的丰富内涵，提升学生的综合素养。

2. 通过金酒调酒技能的训练，培养学生的品鉴能力，激发学生积极向上的生活态度。

推荐课时：8课时。

任务1　金酒的定义与起源

金酒，又名杜松子酒，是指利用谷物（大麦、麦芽、小麦、裸麦、玉米等）酿造后蒸馏获得烈酒，并以此为基酒，加入各式草木原料，通过浸泡、蒸馏等方式萃取出独特风味，经检验装瓶后获得的烈酒。其中，最为核心的香料为杜松子，杜松子为金酒带来了灵魂。

杜松子是杜松子树的莓果（图4.1），产于北半球，喜欢亚土与石灰岩质，欧洲、亚洲、美洲都有生长。意大利托斯卡尼大量出产优质杜松子，每年10月前后，当地工人便开始拿着木棍敲击满是锐刺的树枝，再细心收集掉落的浆果。每一批杜松子的香气都有差异，这对于追求品质稳定的酒厂而言是个考验。

图4.1　鲜、干杜松子

金酒的特色来自蒸馏过程中添加的草木原料，为了保证自己的金酒独具特色，每一个金酒制作厂家都有各自不外传的秘方，这些香药草和香辛料有可能来自异国他乡，也有可能来自自家后花园。

1660年，在东印度工作生活的荷兰人备受热带疟疾困扰，为了研究预防和治疗疾病的药剂，荷兰莱顿大学的医学教授西尔维斯在研究利尿、清热的药剂时，将杜松子浸泡在酿造好的酒水中，再进行蒸馏获得高度药用酒。深受疾病肆虐之苦的荷兰人喝过之后发现这款药酒既有利尿清热效果又香气独特，便对它钟爱有加。慢慢地，西尔维斯教授的研究成果脱离了最开始的药用成为日常生活中的酒水。

最开始人们为这款酒水取名"Genever"，取自其灵魂原料杜松子的荷兰文拼法。这款极具潜力的新酒引起了一个名叫卢卡斯·博斯（Lucas Bols）的荷兰人的注意，他在原本的配方中加入了糖，调配出口味更丰富、更受人喜爱的Genever，并在自家的博斯酒厂（Bols）生产，据载有一份1664年家族文件购买杜松子的记录，说明很可能在此时博斯就开始酿制Genever，据说这段时间内，博斯家族占有荷兰东印度公司决议的17人董事会重要席次之一，便于取得公司贸易往来的香料与草本原料用于制酒。作为商业化生产荷兰杜松子酒的博斯酒厂，直到今天，依然是生产该类型酒水的主要酒厂（博斯酒厂的前身于1575年建立，1652年正式成立，是荷兰最古老的企业之一，其酿造的烈性甜酒和金酒卖到世界上100

多个国家）。

　　后来行经荷兰的商人和船员将这款酒水带回英国，在英国小范围内传播。有另一种说法是参战的军人爱上了这款风味独特的酒水，在开战前习惯饮用杜松子酒壮胆，还衍生出"荷兰勇气"这个词，后来英国军人将这款酒带回了英国。

　　直到1689年威廉三世登基成为英国国王，身为荷兰人的威廉三世是杜松子酒的爱好者，英国的贵族为了讨好君主，开始饮用来自国王家乡的烈酒，很快这款酒水在英国大范围流行，拥有了金酒（Gin）这个优雅的英文名字。为了提高英国民众的反法情绪，打赢对法国的战争，威廉三世下令抵制从法国进口葡萄酒和白兰地，并规定使用英国本土谷物制造的烈酒可以免税。英国议会在1690年通过了推波助澜的蒸馏法案，降低了蒸馏门槛，这给金酒的制作和发展提供了一个绝佳的契机。后来，金酒的价格甚至低于啤酒，成为英国平民最钟情的廉价烈酒。

　　大量饮用廉价的金酒产生了很大的社会问题，如酗酒后的暴力事件，甚至是死亡事件都让政府十分头疼，政府开始颁布金酒法案并提高酒税。1751年，英国艺术家威廉·霍嘉斯绘制的《金酒巷》就反映了当时民众瘦弱、痛苦、死亡等情况（图4.2）。而对比另一幅画作《啤酒巷》中民众丰腴、开心、健康的景况，更是鲜明地展示了当时金酒给社会带来的问题（图4.3）。

图4.2　《金酒巷》　　　　　　图4.3　《啤酒巷》

　　1830年，英国开始使用连续式蒸馏器生产出口味更干香气更细致的金酒。英国自此成为最重要的金酒生产国，甚至盖过了发源地荷兰。

　　后来，金酒传入美国，正好赶上19世纪下半叶美国流行调制鸡尾酒，金酒那复杂而细致的香气，特别适合调配成鸡尾酒，简单地将果汁加入其中，可以去掉金酒中的油耗味，突出其利落香气特别适口。很多经典的鸡尾酒就是由金酒作为基酒调配的，号称"鸡尾酒之王"的马丁尼便是以金酒为基酒。在鸡尾酒调配中，金酒被誉为"鸡尾酒心脏"。

任务2　金酒的生产、分类与品鉴

1）金酒的生产

酿造金酒时如何添加草木原料（包括杜松子）十分重要，不同地区不同厂家采用的方法并不相同（图4.4）。金酒所用到的草木配方大致分为4类，包括水果类、花卉类、香草类和香料类。由于不同草木的特性不同，如有些适合浸泡，有些会在长时间的浸泡中走调，出现苦味等不好的味道，因此，如何高效萃取所需香味，规避杂味异味，在确保整体风味平衡的同时具备独特风格，是考验酿酒师的一个难题。是否浸泡、浸泡酒液的浓度、浸泡的温度、浸泡的时长、采用什么方式蒸馏等诸多细节都需要仔细斟酌，很多著名厂商在漫长的历史摸索中获得了自己最为满意的配比，不只是草木配方，还包括工艺细节。

图4.4　金酒使用的草木配方

有的工艺是直接把配好的杜松子等草木原料压碎，加入酿酒原料中进行糖化、发酵、蒸馏，获得酒液；有的工艺是把草木原料装在容器里，再把经蒸馏气化出来的酒精导入容器，此时香味会浸于酒中（图4.5）。

图4.5　气化酒精导入草木香料容器

被大量采用的工艺是将草木香料放入蒸馏器中，浸泡在蒸馏好的中性酒精中，一段时间后再次蒸馏，将其风味浸蒸入酒水中（图4.6）。

图4.6　草木香料浸泡在中性酒精中

　　还有一种工艺是把草木原料直接浸泡在高浓度酒精中（图4.7），这是在家自制金酒的方式，酒厂应用这种方式多数是因为自家草木配方中有特殊品种，所以要另行加工。酒厂将特殊香料放入容器中再泵入高度半成品金酒（杜松子等原料已在之前的工艺中加入），浸泡一段时间后，酒水通过过滤器进入储存罐，经过稀释后装瓶。在家使用这种方式简单易行，只需要配制自己喜爱的配方，把它们放进窄口大玻璃瓶中，加入高度中性烈酒，充分浸泡之后饮用即可，浸泡时间长短、浸泡酒精的浓度等很灵活，依据个人喜好即可。酒厂会根据自家草木配方的特点，采取其中一种或混合使用几种工艺，用以酿造出完美的金酒。

图4.7　草木原料直接浸泡在高浓度酒精中

　　金酒的制作大致可以分为以下几个步骤（图4.8）。

（1）制作中性酒精

浆化：将捣碎的混合谷物在热水中浸泡并加压蒸煮。

发酵：引入特定酵母发酵酒精。

蒸馏：利用专业的蒸馏器蒸馏出高质量、高浓度的中性烈酒。

（2）加味

根据草木配方的要求，通过将草木原料与烈酒一并蒸馏（或其他合适的加味工艺），将所需的风味添加到酒液当中。

（3）加水、过滤及装瓶

加入符合要求的水（泉水、纯水、软水等）来降低酒精成分，过滤掉酒液中的杂质后装瓶。

1.加热
逐渐加热铜蒸馏器，直到温度上升到78 ℃

2.蒸馏
酒精蒸发，酒精蒸气进入铜蒸气管

3.冷凝
热酒精通过螺纹装置凝结，最后被排出

4.添加植物
将所有的酒精移回蒸馏器，加入植物和水

5.再蒸馏
加热铜蒸馏器，重复步骤1~步骤3

6.稀释
将所有的酒精转移到容器中，在那里酒会被水稀释

7.过滤和灌注
酒水过滤后装瓶、加盖、贴标签

图4.8　金酒制作流程图

2）金酒的分类

金酒在发展中经历了在荷兰诞生、在英国成长、在美国茁壮这3个阶段，每个阶段都给金酒带来了不同的特色。金酒大致可以分为3类：荷兰式金酒、英式金酒和美式金酒。

荷兰式金酒，产于其发源地荷兰，主要的产区集中在斯希丹一带，是荷兰的国酒。荷兰式金酒的酿造原料中有一定比例的麦芽，发酵后经过3次蒸馏获得谷物基酒。草木配方中偏爱肉豆蔻、茴香籽、生姜等原料，较少使用柑橘类原料。制作过程中通常会增加一点甜味。荷兰式金酒分为新酒（Jonge）、陈酒（Oulde）、老陈酒（Zeet oulde），有人说荷兰式金酒是"Genever"而不是"Gin"。

英式金酒，又称伦敦干金酒（London Dry）或干金酒。伦敦干型是一种酒水风格，指酒水属淡体金酒，口感不甜，比较淡雅，而不特定指产地，非伦敦地区也可以生产。干金酒的生产过程比荷兰式金酒简单，其弱化了麦芽风味，去掉了加糖的步骤，草木配方中更突出杜松子，更喜欢柑橘芳香。干金酒是市场占有率最高的金酒类型，深受调酒师的喜爱。

美式金酒，又称加味金酒，是一种充满了水果和香草香味的柑橘系金酒。它在木桶中储存一段时间，草木成分中更加偏好柑橘类。美式金酒分为蒸馏金酒（Distiled Gin）和混合金酒（Mixed Gin）。通常情况下，蒸馏金酒的瓶底有一个字母"D"用于区分。混合金酒只是简单混合了酒精和杜松子，质量一般。

3）金酒的品鉴

金酒的酒水风味主要来自草木配方，在品鉴时，要着重了解其草木香料的风味（图4.9）。

★ 图4.9是乔艾尔哈里逊的必富达首席制酒师戴蒙斯德佩恩共同制作和伦郭

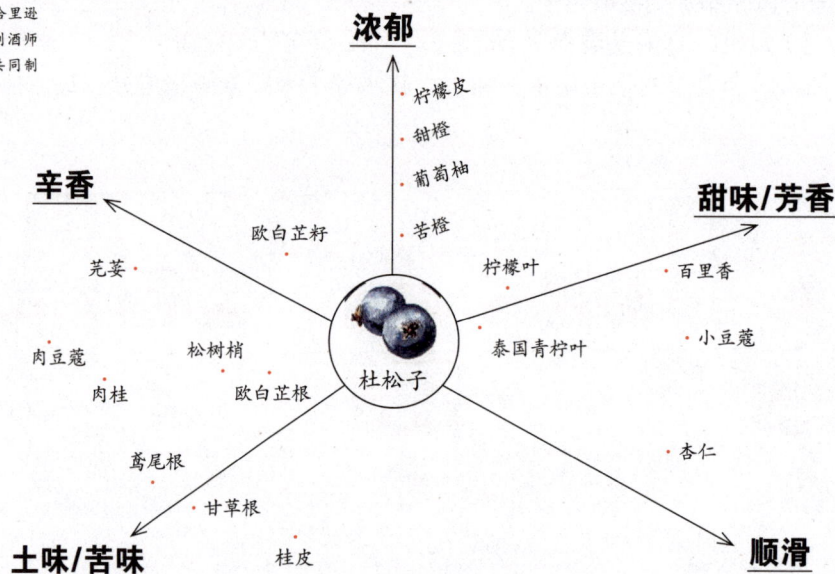

图4.9　金酒草本植物风味图

荷兰式金酒色泽清亮，具有浓烈的香味，口感辛辣中略带一点甜，风格强烈，适合单独品饮，并不适合调配鸡尾酒，冰镇后品尝能够展现出糖浆般的质地和复杂迷人的香味，十分爽口。品饮时，选一款郁金香型的杯子并配上冰块即可。

英式金酒风味更为清爽，具有典型的杜松子香气并伴随些许柑橘类芳香，口感完全不甜，广泛应用于调配鸡尾酒，也可以纯饮。

美式金酒通常有着轮廓分明的柑橘香气，并且在橡木桶中窖藏了一段时间，口感柔和，通常用于搭配鸡尾酒饮用。

任务3　金酒的名厂与名酒

（1）哥顿金酒 Goldon's

这款来自英国的金酒又名高登金酒，属于伦敦干金酒。哥顿金酒历史悠久，可以追溯到1769年，一个名叫亚历山大·哥顿的人在伦敦的泰晤士河畔创建了他的第一家金酒酒厂。经过多年研究，哥顿不仅调配出了口味润滑、香气馥郁、风味平衡的完美草木配方，还在工艺中去掉了加糖的环节，完善了不含糖的金酒。这种类型的金酒与当时流行的荷兰式金酒有着显著的区别，凭借优异的品质很快收获了大量爱好者。从1858年调制出世界上第一杯金汤力（G&T）至今，伦敦依旧用高登为基酒调配金汤力，在1925年获得皇家颁发的代表着至高荣誉的特许状，目前是销售量最高的金酒之一。

哥顿金酒的主要品种包括哥顿金酒（750 mL、43度）、哥顿金酒（700 mL、43度）（图4.10）。

（a）哥顿金酒（750 mL、43度）　　（b）哥顿金酒（700 mL、43度）

图4.10　歌顿金酒

（2）必富达 Beefeater

这款来自英国的金酒又称英人牌，在其酒瓶上有一个醒目的伦敦塔卫兵。1863年，药剂师詹姆士·巴洛夫买下了伦敦切尔西地区的一家小型酿酒厂，他研制出的独特秘方必富达一直传承到现任的首席酿酒师，是最核心的机密。除了秘方必富达，还延续了巴洛夫当年希望酒与伦敦紧密结合的初心，经过漫长岁月依旧是在伦敦酿制的高级金酒。其酒水拥有干净爽口的风味并伴随着浓郁的香气，是伦敦干金酒的代表之一。

现在的首席酿酒师德斯蒙德·佩恩不仅会亲自挑选赋予香味成分的植物，而且在多年沿用传统配方的同时研制出个人代表作品必富达24金酒。

必富达的主要品种包括必富达金酒、富必富达粉红金酒、必富达24金酒（图4.11）。

（a）必富达金酒　（b）必富达金酒（小瓶）　（c）富必富达粉红金酒　（d）必富达24金酒

图4.11　必富达

（3）孟买蓝宝石 Bombay Sapphire

孟买蓝宝石诞生于20世纪80年代，是一个相对年轻的金酒品牌。常规版本的酒水采用的配方是最古老的配方之一，这个代代相传的配方起源于1761年。酒厂在全世界精选出10种草木原料，再配上蒸汽灌注工艺，获得内涵丰富的酒水香气，能品尝到柠檬、甘草、肉桂等香气，风格清新干净。其湛蓝色的酒瓶独具美感，仿佛盛装的是晶莹剔透的天空蓝水晶。一些特别版会用到更为复杂的草木配方，现在这款酒水的销售量在世界范围内排前列。

孟买蓝宝石的主要品种包括孟买蓝宝石金酒、孟买莓瑰金酒（图4.12）。

（a）孟买蓝宝石金酒　　（b）孟买莓瑰金酒

图4.12　孟买蓝宝石

金酒品牌众多，一些其他品牌也非常优秀，如Tanqueray（坦奎瑞）、London Hill（伦敦之丘）、Plymouth（普利茅斯）、Boodles（博德斯）等。

任务4　金酒鸡尾酒的调配

（1）金汤力 Gin Tonic

简介：金汤力（图4.13）是一款从色彩到口感上都十分清新的品种，金酒突出的香气与汤力水出奇地搭，深受鸡尾酒爱好者的喜爱。

载具：柯林杯。

调配方法：直调法。

酒方：干金酒45 mL、汤力水适量、青柠檬角1个、冰块适量。

制作步骤：

①在杯中放入冰块，挤入青柠汁，放入青柠檬角。

②注入干金酒,让酒液顺着冰块下滑。

③向杯中注入汤力水。

④将调酒勺在杯子底部迅速搅拌一周。

金汤力　　玛丽·毕克馥　　琴瑞奇

图4.13　金汤力

（2）马丁尼 Martini

简介：马丁尼被称为鸡尾酒之王，很多刚刚接触鸡尾酒的初学者听到它如此大的名气都以为它很好喝，但很快就发现上当了。马丁尼的酒精浓度高，有草药味，又苦又辣，初次体验通常不够好，只有老手才能品出其中的乐趣。

马丁尼口味丰富，有数百种之多，可以根据自己的喜好来选择。有些马丁尼的酒谱上标有Dry Matini，说明这款马丁尼的香艾酒比例低，也就是越Dry代表香艾酒比例越低，有时会出现Extra Dry Martini。如果是Sweet Matini，说明这款酒将苦艾酒换成了甜苦艾酒。有时会有Perfect Martini，说明是苦艾酒和甜苦艾酒各半。

马丁尼的调配看起来简单实则不然，虽然主要的材料只有3种，即金酒、苦精、味美思，但选料、比例、搅拌、装饰都会影响马丁尼的风味，想要调出一杯出色的马丁尼，需要长久的练习（图4.14）。

载具：马丁尼杯。

调配方法：搅和法。

酒方：金酒60 mL、不甜香艾酒20 mL、柑橘苦精1dash、柠檬皮油适量、皮卷1个、冰块适量。

制作步骤：

①将马丁尼杯进行冰杯，在调酒杯中加入冰块。

②将所有材料（除皮油、皮卷以外）倒入调酒杯中，用吧勺搅拌均匀。

③滤掉冰块，将酒液倒入已冰镇的马丁尼杯。

④喷附柠檬皮油，投入皮卷作为装饰。

马丁尼

阿拉斯加

新加坡司令

图4.14　马丁尼

（3）蓝莓之夜 My Blueberry Nights

简介：蓝莓之夜是一款有着梦幻色彩的鸡尾酒，通过汤力水的气泡升腾，让红色与蓝色自然混合，得到一杯自下而上由红色到紫色再到蓝色，最后到白色的渐变色鸡尾酒。口感上，这款酒复杂多变，刚刚入口是汤力水的味道，渐渐由淡至浓，最后是石榴糖浆的浓重甜味。比起其他款的酒水，它的甜度大，尤其适合女士品饮（图4.15）。

载具：海波杯。

调配方法：直调法。

酒方：金酒30 mL、蓝橙利口酒10 mL、红石榴糖浆10 mL、汤力水适量、冰块适量、青柠檬皮1条、去皮青柠檬片。

制作步骤：

①将冰块放入杯中。

②在杯中加入金酒，使酒液顺着冰块下滑。

③缓缓倒入红石榴糖浆沉底。

④倒入汤力水。

⑤倒入蓝橙利口酒，使其浮于红石榴糖浆之上。

⑥用青柠檬皮和柠檬片装饰。

蓝莓之夜

金菲士

图4.15 蓝莓之夜

（4）红粉佳人 Pink Lady

简介：这是一款从名字上看就适合女性饮用的鸡尾酒。它呈现出浪漫的粉红色，如同马卡龙一般惹人怜爱的色彩，让人不由自主地喜爱它，刺口的酒精被奶味冲淡，金酒的香气搭配糖浆的香甜，让人欲罢不能（图4.16）。

载具：马天尼杯。

调配方法：摇和法。

酒方：金酒40 mL、红石榴糖浆30 mL、鲜奶油30 mL、红樱桃1个、冰块适量。

制作步骤：

①将酒杯进行冰杯。

②在摇酒壶中装入半杯冰块，依次加入其他材料（红樱桃除外），摇荡至摇酒壶外部结霜。

③将鸡尾酒滤至冰镇好的鸡尾酒杯中。

④将红樱桃装饰于杯口即可。

红粉佳人　　马丁内斯

图4.16　红粉佳人

（5）深海蓝鲸

简介：深海蓝鲸（图4.17）是一款有着梦幻般蓝颜色、清新柔和的口感、酸甜味的轻量酒精的鸡尾酒，能够让人联想到深海中蓝鲸自由游弋的画面，其意义在于呼吁人们保护环境。如果酒量不好，但又想品尝鸡尾酒，选择这一款一定不会错。

载具：郁金香甜酒杯。

调配方法：摇和法。

酒方：金酒30 mL、蓝橙利口酒10 mL、汤力水适量、柠檬角1个。

制作步骤：

①将酒杯进行冰杯。

②在摇酒壶中装入半杯冰块，依次加入金酒和蓝橙利口酒，摇荡至摇酒壶外部结霜。

③摇和后倒入杯中，放入柠檬角，加入适当汤力水。

图4.17　深海蓝鲸

鸡尾酒调制学习任务书——金酒及金酒鸡尾酒调制

课程开始：请同学们明确教学目的与本节课重难点。

1. 在本节课需要掌握什么? _____。

2. 本节课的难点是什么? _____。

3. 本节课的重点是什么? _____。

学习活动 1：夯实基础

任务描述（可能的工作场景）：

1. 作为酒店一名有经验的酒水推销员，请你为金色酒吧的客人推荐一款合适的金酒。

2. 西餐厨房的总厨正在研究开发一款新的菜品，需要搭配一款金酒，请你就菜品特色推荐一款合适的金酒。

任务分解：

1. 以小组为单位，在网络上搜索朗姆酒的相关知识，包括酒水历史、酒水种类、酿酒原料、酿造工艺以及酒水特色、酒水配餐等。

酒水历史：_____

_____

_____

酒水种类：_____

酿酒原料：_____

酿酒工艺：_____

_____

酒水特色：_____

_____

_____

酒水配餐：_____

2. 以小组为单位，在网络上尽可能多地查找金酒的品牌，并了解品牌特色及售价。

3. 盘点实训室的金酒库存，了解其品牌、特色及售价。

4. 品鉴金酒，并了解其酒水特色。

5. 根据以上任务分解步骤完成以下品酒记录表（如果表格不够请自行增加）。

序号	酒水名称	所属品牌	相关内容（历史、类别等）	售 价	酒水特色（品鉴后填写）
1					
2					
3					
4					
5					
6					
7					
8					

学习活动2：基础技能

任务描述（可能的工作场景）： 你在一家酒店的特色酒吧工作，来酒吧喝酒的客人点了一杯金汤力，这款鸡尾酒由你进行调配。

任务分解：

1. 明确金汤力的相关知识，包括由来、酒方、载具、调配方法、装饰。
2. 完成调配方法的基础练习。
3. 完成金汤力调配，展示你的作品。

学习活动3：基础技能

任务描述（可能的工作场景）： 你在一家酒店的特色酒吧工作，来酒吧喝酒的客人点了一杯马丁尼，这款鸡尾酒由你进行调配。

任务分解：

1. 明确马丁尼的相关知识，包括由来、酒方、载具、调配方法、装饰。

2. 完成调配方法的基础练习。

3. 完成马丁尼调配，展示你的作品。

学习活动 4：基础技能

任务描述（可能的工作场景）：你在一家酒店的特色酒吧工作，来酒吧喝酒的客人点了一杯蓝莓之夜，这款鸡尾酒由你进行调配。

任务分解：

1. 明确蓝莓之夜的相关知识，包括由来、酒方、载具、调配方法、装饰。

2. 完成调配方法的基础练习。

3. 完成蓝莓之夜调配，展示你的作品。

学习活动 5：基础技能

任务描述（可能的工作场景）：你在一家酒店的特色酒吧工作，来酒吧喝酒的客人点了一杯红粉佳人，这款鸡尾酒由你进行调配。

任务分解：

1. 明确红粉佳人的相关知识，包括由来、酒方、载具、调配方法、装饰。

2. 完成调配方法的基础练习。

3. 完成红粉佳人调配，展示你的作品。

学习活动 6：高阶技能

任务描述（可能的工作场景）：客人在品尝过传统金酒鸡尾酒后，要求品尝一款酒吧特色的朗姆酒鸡尾酒，这款鸡尾酒由你进行调配。

任务分解：

1. 你可以按照以下思路来设计一款鸡尾酒。

（1）在原有配方上进行更改。

（2）使用鸡尾酒调配公式。

①（Highball）基酒＋软性饮料。

②（Sour）酒＋酸＋甜。

③（Old Fashioned）烈酒＋甜＋水＋苦精。

④（Daisy）混合烈酒＋红石榴糖浆＋酸味果汁＋苏打水。

⑤（Punch）酒＋糖＋柠檬＋水＋茶或香料。

（3）设计口味。

①少女模式：酸酸甜甜，没酒味。

②硬汉模式：酒精浓度高，偏苦偏甜。

（4）选择特定的元素进行设计。

（5）符合特定场景饮用的鸡尾酒设计。

2. 你可以在以下资源里寻找灵感。

参考书目：《调好一杯鸡尾酒》《鸡尾酒世界》《鸡尾酒笔记》。

请以小组为单位将设计的鸡尾酒写在下面，要写明使用场景、设计思路、主打人群、酒方、调制过程。

使用场景：_____

设计思路：_____

_____

主打人群：_____

酒方：_____

调制过程：_____

_____

_____

以小组为单位，将设计稿画在展示纸上。

课程总结：（请将你本节课所学到的知识写在横线上）

_____

_____

任务书完成打分

姓　名	分　数

项目5

龙舌兰酒和
龙舌兰鸡尾酒的调配

知识目标

1. 掌握龙舌兰酒的定义与起源。

2. 了解龙舌兰酒的生产过程。

3. 掌握龙舌兰酒的分类。

4. 了解龙舌兰酒的名厂与名酒。

技能目标

1. 掌握龙舌兰酒的品鉴方法。

2. 掌握龙舌兰鸡尾酒的调配技法。

3. 能够调配多款以龙舌兰酒为基酒的鸡尾酒。

素质目标

1. 通过对龙舌兰酒相关知识的学习，开阔学生的视野，了解不同国家的酒文化，站在更高的维度理解国际竞争力。

2. 通过龙舌兰酒调酒技能的训练，培养学生的服务精神，能够设身处地为顾客着想、行事。

推荐课时： 8课时。

任务1 龙舌兰酒的定义与起源

龙舌兰酒是以某些特定种类的龙舌兰（Agave）为原料，经过酿制蒸馏而成的烈酒。它是墨西哥的国酒，也是墨西哥的灵魂。

龙舌兰是一种多年生的草本植物（图5.1），原产于热带干旱及半干旱地区，为了适应自然环境，形成了独特的形态特征。龙舌兰长得像芦荟（也有人认为长得像仙人掌或多肉），有记录的龙舌兰属植物超过200种，但公认能够酿酒的只有约30种，有些品种需要漫长的生长期（25~30年）才能成熟。这类植物的中心部位可以获得蜜汁（Aguamiel）以供发酵。选择不同的龙舌兰酿酒可以收获特基拉（Tequila）或梅兹卡尔（Mezcal），而特基拉是龙舌兰酒中最优质也是最著名的品种。有时在某些狭义的说法中，龙舌兰酒特指特基拉。

图5.1 龙舌兰

在古印第安文明时期，龙舌兰因可以让人们吃好喝好穿好（有些种类可以食用，有些种类可以酿酒，有些种类可以制衣）而被视为神的恩赐。据说在公元3世纪，中美洲的印第安文明发明了酿酒技术，除玉米和棕榈汁之外，当地原产的多汁且含糖高的龙舌兰自然而然成为人们酿造酒水的原料之一。由于酿造的酒水可以让人微醺，那种恍惚且陶醉的感觉让人们认为喝了之后可以与神明沟通，因此阿兹特克人经常把这种酒水用于仪式中。除此之外，珍贵的发酵龙舌兰汁液一直是当地贵族的饮品。

直到现在，自然发酵的龙舌兰汁液依旧可以在墨西哥品尝到，它酒精度低，与啤酒类似。酿造所需的原料是一种叫Magei的龙舌兰品种，人们去掉中心的叶子，然后将中间的芯刮出一个深坑，不久之后深坑中浸满汁水，这些汁水被取出并自然发酵几天后，就成为一种有泡沫、白色黏稠、微酸浑浊液体，酒精度为4~6度，名为Pulgue的酒（图5.2）。

图5.2 龙舌兰Pulgue酒的酿造

关于龙舌兰酒的诞生还有一个极富神话色彩的传说：很久很久以前，墨西哥当地人正在农田里劳作，忽然天空中乌云翻滚雷声阵阵，一道耀目的闪电劈向大地，仿若天威。待霹雳过去云开雾散时，人们发现一株硕大的龙舌兰被劈中，它尖锐且有着突刺的叶子散开，植株中心裂开的球茎里热气腾腾的汁液还在翻滚，随之而来的是一阵阵奇异的香气，众人被这奇异的景象惊呆了，很久才有一个胆大的人凑上去，用手蘸了汁液放在舌头上舔了舔，顿时感觉神清气爽满口生香，在他的带领下人们纷纷上前品尝，并且都被那直击灵魂的香气和口感征服。

1519年，西班牙人踏上了墨西哥这片丰饶的土地。1521年，征服者们将墨西哥变成了殖民地，征服者们带去的烈酒被喝光了，酒瘾发作的他们迫切希望在当地找到一种可以制作烈酒的原料，以代替白兰地等烈酒，于是便看上了充满奇异植物特色的Pulgue。他们将带来的先进蒸馏技术应用到Pulgue上，诞生了最初的龙舌兰酒。虽然此时的龙舌兰酒味道粗陋辣口，但胜在极具当地特色。人们开始尝试用各种龙舌兰酿酒并进一步蒸馏，于是开始琢磨改进酿酒过程，在反复的改良中，成就了品质优异的龙舌兰酒。

19世纪龙舌兰酒进入欧洲。1893年，墨西哥制酒商带着龙舌兰酒参加美国芝加哥世界博览会，取得了很好的成绩。美国禁酒令时期龙舌兰酒开始大量进入美国人的视野。1968年，墨西哥奥运会之后，龙舌兰酒开始为世界所认识。2006年，联合国第三十届世界遗产大会批准了墨西哥一项与龙舌兰酒有关的世界文化遗产。

任务2 龙舌兰酒的生产、分类与品鉴

1）龙舌兰酒的生产

（1）特基拉的生产与制作

用于酿造特基拉的龙舌兰是一种名叫蓝色龙舌兰的顶级品种（图5.3），其成熟需要8～12年，想要生产特基拉就要从种植蓝色龙舌兰（Blue Agave）开始。在法定核心产区之一的特基拉镇（哈利斯科州瓜达拉哈拉）（图5.4），一年有近300天的太阳直射时间，气候

炎热、干燥少雨加上它散落着熔岩的火山土质的土地，极为适合珍贵的蓝色龙舌兰生长。

图5.3　蓝色龙舌兰种植园

图5.4　特基拉镇

待蓝色龙舌兰成熟，当地农民便用特制的长柄圆刀进行收割（图5.5），将蓝色龙舌兰长且尖锐的叶子割掉，露出靠近根部的肥厚膨大的茎（也就是芯），被清理干净的龙舌兰芯看起来像一个巨大的菠萝（图5.6），平均质量为60～70 kg，有些"菠萝"的质量能够超过150 kg。

图5.5　收割蓝色龙舌兰

图5.6　龙舌兰芯

当地农民将收获的龙舌兰芯运送到酿酒工厂，工人将龙舌兰芯劈成两半（或4瓣），然后送进大型蒸汽压力锅中加压蒸制6～24 h（传统工艺是进入烤炉慢慢蒸烤4～5天，传统生产者认为加快过程会让苦味渗入）（图5.7），待龙舌兰芯中的淀粉转化为糖分后，龙舌兰芯被取出碾压切碎并加水榨出浆液（传统是用牲畜拉着石磨慢慢碾碎成浆液）（图5.8）。

图5.7　不同蒸烤龙舌兰的设备

图5.8 机械与牲畜碾压龙舌兰芯

将龙舌兰浆液倒入发酵桶，并在其中加入水和酵母使之发酵（图5.9），有些厂家会加入之前的Mosto（发酵龙舌兰液）。在发酵数天（2～12天，视天气状况和工艺而定，较长发酵时间所获得的酒水更为厚实）之后，滤出酒液的酒精度为5%～7%。

随后进行两次蒸馏，以获得高度烈酒。有的酒厂采用铜质壶式蒸馏器（图5.10），有的采用容量大而更有效率的柱式蒸馏器。初次蒸馏大约2 h，酒精度20%左右，第二次蒸馏大约4 h，酒精度55%左右。平均每7 kg的龙舌兰芯才能制造出1 L纯度100%的特基拉。

图5.9 龙舌兰浆液发酵　　　　图5.10 酒液蒸馏

随后工厂加入软化纯水将酒液稀释到规定的酒精度（通常为40%左右），过滤掉酒液中的杂质之后龙舌兰酒便制成了，由于法律并未规定特基拉新酒需要经过陈放，所以有些品种的特基拉至此就可以装瓶了，而有些品种会被放进橡木桶中陈年（通常是美国波本桶以及法国橡木桶）（图5.11），而有些会加入焦糖增色，只有混合特基拉（Mixto Tequila）才能添加焦糖。

图5.11 橡木桶陈年

（2）梅兹卡尔（Mezcal）的生产与制作

梅兹卡尔可以选择不同的龙舌兰来进行酿造，在酿酒原料的选择上各有不同。不同品种的龙舌兰生长环境不尽相同，成熟的时间有很大差异。当地的农民会选择最合适的时机采收龙舌兰，龙舌兰会在夜里张开毛孔吸收大气中的水分，白天关闭毛孔以免流失珍贵的汁液，瓦哈卡的农民会避开6月到8月的雨季收割龙舌兰，因为雨水被根系吸收会让龙舌兰变苦，产出的酒水质量变差，九月或十月雨水变少才是收获的好时机。

工人们在地炉（传统是在地面挖洞，然后堆积熔岩搭成）中点燃木柴，再把石头堆上去烧红，再铺上一层压榨龙舌兰芯剩下的纤维残渣，再将收获的各种龙舌兰芯按照从大到小的顺序依次摆在上面，然后盖一层纤维残渣或废弃叶片，之后盖上一层帆布，最后用沙子埋住，再长时间地烘烤龙舌兰芯。这样的工艺不但可以长时间保留温度，还可以让龙舌兰芯慢慢吸收灰烬、木炭等的烟熏味，这是梅兹卡尔特色风味中烟熏味或篝火味的来源。在地炉烟熏的过程中，灰烬、木炭对梅兹卡尔的作用与泥煤对威士忌的作用类似（图5.12）。

图5.12　地炉烟熏

焖烤成熟的龙舌兰芯被取出，工人将其放入碾压池中，用牲畜拉着石磨将其碾碎（图5.13），压碎的纤维被放入木制发酵桶中，让混合物自然发酵（图5.14）。大部分小批次的手工梅兹卡尔都是以酒厂周围空气中的天然酵母进行发酵，这些野生菌株不同于人工培育的酵母，它们发酵酒精的效率不同，不仅影响发酵时间还影响酒水成品的风味，发酵时间根据实际情况为7～30天。工人们要用特殊的用具提取发酵液，并根据经验判断是否达到蒸馏的标准。

图5.13　碾碎龙舌兰芯

图5.14　混合物发酵

　　发酵好的汁液加入蒸馏器中，蒸馏获得高度烈酒，有些品种的梅兹卡尔可以直接装瓶，有些则需要经过一定时间的陈年。

　　不同于多数特基拉酒厂的全自动化生产，多数梅兹卡尔酒厂更多地保留了手工制作的工艺（图5.15）。

（a）种植龙舌兰　　　（b）收获龙舌兰芯　　　（c）烘烤获得天然糖

（d）用石轮碾碎龙舌兰　　（e）发酵龙舌兰　　　（f）蒸馏

图5.15　梅兹卡尔的制作流程

2）龙舌兰酒的分类

（1）按照酿造原料分类

　　龙舌兰酒按照酿造的龙舌兰种类不同可大致分为两类：一类是特基拉；另一类是梅兹卡尔。两者的区别是特基拉用蓝色龙舌兰酿造，而梅兹卡尔的酿造原料则涵盖多种龙舌兰。

　　①特基拉。酿造特基拉的原料是一个特定的龙舌兰品种蓝色龙舌兰，而蓝色龙舌兰的使用比例是有严格规定的。墨西哥法律规定，只有制作酒水的原料中蓝色龙舌兰达到51%以上时，产品才有资格称为特基拉，其他原料通常添加蔗糖补足，被称为混合特基拉。这种特基拉质量相对较差。只有100%使用蓝色龙舌兰为原料酿造的产品，才有资格在标签上标注100%蓝色龙舌兰。这种特基拉用料扎实，质量好，品质高（图5.16）。

图5.16　特基拉与100%特基拉

　　并不是所有的地方都可以生产特基拉。1994年，墨西哥立法订立特基拉的特定产区为哈利斯科州的瓜达拉哈拉，1997年放宽了产地限制，合法产区增至5个州。除了最开始的哈利斯科州，另外4个分别为瓜纳华托州（Guanajuato）、米却肯州（Michoacán）、纳亚里特州（Nayarit）和塔毛利帕斯州（Tamaulipas）。只有以这些地方的蓝色龙舌兰为原料，并在当地按规定酿造的龙舌兰酒，才能冠以"Tequila"之名。

②梅兹卡尔。梅兹卡尔的酿造原料涵盖了多个品种的龙舌兰，在某种意义上来说特基拉属于梅兹卡尔。酿造原料选择上的多样性，使得梅兹卡尔的风味更为多变，就如同不同品种的葡萄带给葡萄酒多变的风味，不同的龙舌兰给梅兹卡尔带来了截然不同的风格。如果你进入一个墨西哥小镇，就可以在售卖酒水的店家那里看到上百种梅兹卡尔，每一种的风味都不尽相同，但总有一款可以俘获你。如果你有一个当地的朋友，你还可以受邀去参加他的家庭庆典，你甚至能在当地家庭自制自饮的梅兹卡尔中找到自己的最爱，这是梅兹卡尔最吸引人的地方之一。

梅兹卡尔有一个惊悚的误会，在很长时间内让人们误以为这是一种低劣恐怖的酒水。据说事情是这样的：大约在1940年，德州某个在烈酒铺工作的学生借着变卖回收玻璃瓶赚点零钱，某一天他想到用这些瓶子装些便宜的酒出售，应该能赚更多，于是前往瓦哈卡寻找最便宜的梅兹卡尔。便宜没好货，他找到的酒是用丰收期结束后才收获的龙舌兰酿造的，这些龙舌兰不但腐烂了，还长了夜蛾的幼虫。面对如此劣质的酒水，他灵机一动，在每一瓶酒中加入一只幼虫，于是名为红虫（Gusano Rojo）的梅兹卡尔诞生了，以此为噱头居然卖得不错，成为美国最早进行商业售卖的梅兹卡尔之一。

这种长得胖嘟嘟的幼虫泡在酒水中（图5.17），一种恶心、恐怖、猎奇等情绪叠加的奇妙感受，使得一些嗜酒如命的人开始在拼酒的同时拼虫子，谁先吐谁就输。

图5.17 浸泡了虫子的梅兹卡尔

随着这款酒水的出名，人们开始认为梅兹卡尔是泡虫子的龙舌兰，成了低劣、惊悚的代名词。但是，越来越多喜爱梅兹卡尔的人们站出来澄清了这件事。

除此之外，还有一些品种比较有特色，如莱希拉（Raicilla）和巴卡诺拉（Bacanora），有些人会将这两款单独列出来，就如同将特基拉从梅兹卡尔中单独拿出来一样（图5.18）。

索托酒（Sotol）虽然也很出名，但酿造原料使它只能算是龙舌兰酒的近亲。

图5.18　Raicilla和Bacanora

　　墨西哥各地因环境差异生长不同种类的龙舌兰，从而酿造不同的龙舌兰酒，特基拉和梅兹卡尔都有相对集中的产地（图5.19）。

图5.19　龙舌兰地图

　　（2）按照陈年时间进行分类

　　①白色特基拉（Blanco）。Blanco在西班牙语里的含义是"白色"。未经陈年直接装瓶的特基拉酒便属于这一类，可以保存酒液中最初的新鲜爽冽、带点胡椒感的咸鲜特色。

　　②轻熟特基拉（Reposado）。Reposado在西班牙语里的含义是"休息过的"。酒水经过60天以上、但不超过1年的陈年。经过一段时间的橡木桶陈年，酒水吸收了橡木桶中的风味，包括香气及颜色，酒液多数呈黄色。它处于墨西哥本土销售额最大的等级，饮用时推荐搭配蛋糕等甜品。

　　③陈年特基拉（Añejo）。Añejo在西班牙语里的含义是"陈年过的"。酒水经过1年以上、但不超过3年的陈年。随着陈年时间的延长，酒水的颜色越加深邃，口感更加圆润，推荐搭配牛排饮用。

　　④特级陈年特基拉（Extra Añejo）。Extra Añejo在木桶中陈年3年以上，受到木桶的影响酒水开始带有更多复杂的香气，如厚重的香辛料香气、收敛的木质感等（图5.20）。

图5.20　不同陈年时间的酒水

　　另外，还有一个等级在外销市场上占据很大比例，那就是Joven abocado或Oro，在西班牙语里的含义是"年轻且顺口的"，之所以把这个等级单独列出来，是因为这类酒属于Mixto Tequila，它的颜色一般呈金色，价格较为优惠，推荐搭配新鲜菜式。如果放在刚刚的分类里面的话，它的位置介于Blanco和Reposado之间。

3）龙舌兰酒的品鉴

（1）酒签

想要了解一瓶酒首先要看它的酒签，获取基本信息（图5.21）。

级别：Blanco、Reposado等之前介绍过产品等级。

Hecho en Mexico：在西班牙语里的含义是"墨西哥制造"。墨西哥政府规定，所有该国生产的龙舌兰酒都必须标示上这排文字，没有这样标示的产品，则可能是一款不在该国境内制造包装、不受该国规范保障与限制的产品。

CRT标章：这一标章的出现代表这瓶酒受CRT（龙舌兰酒规范委员会）的监督与认证。

Hacienda：Hacienda是西班牙文里面类似庄园的一种单位，通常会出现在制造龙舌兰酒的酒厂地址里。

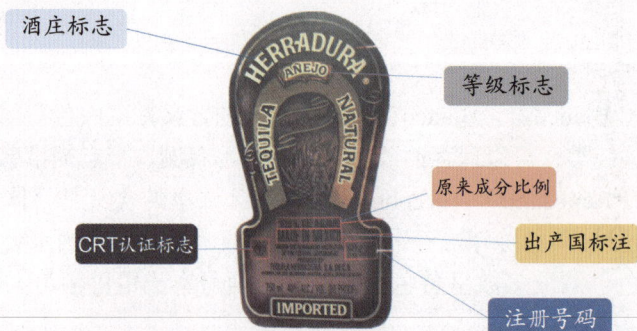

图5.21　酒签示例

（2）品饮

龙舌兰酒的品饮方式分为纯饮、加料饮用和调制鸡尾酒饮用。

纯饮：按照墨西哥本地人的习惯在纯饮时把酒直接含在口中，不着急咽下，等舌头稍微麻的时候再慢慢将酒液咽下，这个时候酒香充满整个口腔，这种饮用方式能够充分体味龙舌兰酒的特色风味（图5.22）。

图5.22 龙舌兰纯饮

加料饮用：在饮用龙舌兰时给它准备两个最佳搭档：盐和柠檬。可以在杯口制作盐边，喝酒的时候咬一口柠檬，能同时品尝盐味和酸味；也可以将盐放在虎口上，舔盐喝酒嚼柠檬一气呵成（图5.23）。

图5.23 龙舌兰加料饮用

调制鸡尾酒：有很多著名的鸡尾酒都以龙舌兰为基酒进行调配。

任务3 龙舌兰酒的名厂与名酒

（1）豪帅快活 Jose Cuervo

豪帅快活是世界上最畅销的龙舌兰品牌之一。1795年荷西·安东尼奥·科弗在核心产区的哈利斯科州创立了蒸馏酒厂，他的祖上曾在西班牙国王那里获得了哈利斯科特基拉镇的一块土地，家族建立的农场产出了优质的蓝色龙舌兰，这使得酒厂有了得天独厚的条件，荷西为自己的品牌取名Jose Cuervo，意为乌鸦，并在酒瓶上印上乌鸦的图案作为品牌的标志。据说豪帅快活还是第一个装瓶进行商业销售的龙舌兰品牌，而彼时其他的酿酒师还在用木桶。

目前，豪帅快活在哈利斯科州的自家农园里依旧手工采摘龙舌兰，精心管控产品质量，其使用了100%蓝龙舌兰的 1800 陈年龙舌兰酒香气馥郁口感润滑，极好入口。

主要品种包括豪帅银快活、豪帅金快活、豪帅1800银快活、豪帅1800金快活、豪帅1800陈年龙舌兰（图5.24）。

（a）豪帅银快活　（b）豪帅金快活　（c）豪帅1800银快活　（d）豪帅1800金快活　（e）豪帅1800陈年

图5.24　豪帅快活

（2）奥美加 Olmeca

奥美加的名字来源于古老的墨西哥奥美加文明，而其酒标上印着的头像则来源于象征着奥美加文明的巨大石像，给奥美加龙舌兰酒增添了一抹来自远古的神秘感。奥美加龙舌兰酒厂选择优质的龙舌兰，配以成熟的蒸馏技术，制作出的白色龙舌兰酒口感清新，带着一丝香草风味。而陈年的龙舌兰酒则风味繁复，纯饮就很美好。

主要品种包括奥美加白色龙舌兰、奥美加金色龙舌兰（图5.25）。

（a）奥美加白色龙舌兰　（b）奥美加金色龙舌兰

图5.25　奥美加

（3）唐胡里奥 Don Julio

唐胡里奥在墨西哥和美国的市场份额都能排进前五，可见其深受消费者的喜爱。1942年，唐胡里奥创立了自己的酿酒厂，并始终致力于完善酿酒工艺，他采用独特的"阉割法"处理龙舌兰，最大限度地避免可能出现的苦涩味，酿造出了白金级龙舌兰的代表产品。他因此被称为"真正的龙舌兰酒达人"，是个受人崇拜的"传说中的男人"。

唐胡里奥龙舌兰酒被认为是世界上第一款奢侈型的龙舌兰酒，在价格上比其他品牌高了不少，而在此之前龙舌兰酒因价格低廉而被当作低端酒水。唐胡里奥以100%的哈利斯科州洛斯·阿尔托斯产的蓝龙舌兰为原料，在龙舌兰生长过程中精心养护，每个环节都采用手工作业，以免不必要的机械损伤。其所生产的酒水完全没有苦涩味，有着堪称艺术品的芳香与口感。

主要品种包括唐胡里奥银色龙舌兰酒、唐胡里奥金色龙舌兰酒、唐胡里奥陈年龙舌兰酒、唐胡里奥1942龙舌兰酒、唐胡里奥雷亚尔龙舌兰酒（图5.26）。

（a）唐胡里奥银色　　（b）唐胡里奥金色　　（c）唐胡里奥陈年　　（d）唐胡里奥　　（e）唐胡里奥雷亚尔
　　龙舌兰酒　　　　　　龙舌兰酒　　　　　　龙舌兰酒　　1942龙舌兰酒　　　龙舌兰酒

图5.26　唐胡里奥

龙舌兰品牌众多，还有一些品牌也非常优秀，如懒虫（Camino Real）、马里亚奇（Mariachi）、潇洒（Sauza）、马蹄铁（Herradura）、欧恩丹（Orendain）等。

任务4　龙舌兰鸡尾酒的调配

（1）地狱龙舌兰 Tequila Slammer

简介：有人在酒单中看到"地狱龙舌兰"这个名字觉得很酷，想象它是个繁复妖艳的鸡尾酒，但其实它的酒方十分简单，仅有龙舌兰、柠檬汁和气泡水3种原料，外观看起来透彻无害。但如果听过它另外一个名字——地狱射手，就知道它绝对不像表面看起来那么简单，一口下去，火辣的酒液如地狱射手的箭一般穿肠而过，混合着柠檬的清爽和气泡水的效果，让整个人都灼热起来，干脆利落。这种危险喝法通常是男士打赌时才会用到，日常饮用的话还是要小心（图5.27）。

载具：古典杯或鸡尾酒杯。

调配方法：直调法。

酒方：冰镇龙舌兰酒30 mL、柠檬汁适量、冰镇气泡水适量。

制作步骤：

①冰杯。

②在杯中倒入冰镇龙舌兰酒。

③挤入适量柠檬汁。

④加入冰镇气泡水至九成满杯。

⑤用杯盖紧紧盖住酒杯震荡数下，使其混合即可。

地狱龙舌兰

图5.27 地狱龙舌兰

（2）龙舌兰日落

简介：与渐变色的龙舌兰日出不同，这款鸡尾酒是一款沙冰类的酒水，因为添加了石榴糖浆，所以有非常漂亮的红色沙冰，口感清新，酒精度不算太高，十分适合女士饮用（图5.28）。

载具：古典杯。

调配方法：电动调和法。

酒方：龙舌兰酒30 mL、柠檬汁30 mL、石榴糖浆15 mL、柠檬1片、冰块适量。

制作步骤：

①将龙舌兰酒、柠檬汁、石榴糖浆和冰块一起放入搅拌机中打成沙冰。

②将搅拌好的酒倒入古典杯中。

③用柠檬片装饰，再插上搅拌棒即可。

龙舌兰日出

龙舌兰日落

图5.28 龙舌兰日落

（3）玛格丽特

简介：这是一款口感突出的鸡尾酒，当你举起酒杯，轻抿一口，入口的除了美味的龙舌兰酒和酸爽的柠檬，还有清新的盐，咸咸的味道成为这款鸡尾酒复杂口感的一环，有些人极为喜欢，有些人不能理解这样的口感搭配，在制作雪花边的时候，可以选择制作半圈，把选择权交给饮用者，让他们根据自己的喜好选择喝哪边。

相传1949年，洛杉矶鸡尾巴餐厅的调酒师约翰·杜勒尔在全美调酒师大赛上以玛格丽特这款鸡尾酒夺得冠军，采访中他说这款酒的是为了纪念他已故的女友，年轻时的他曾在墨西哥时与当地的一名美丽的姑娘玛格丽特相恋，他和女友一起出游打猎，女友不幸被流弹击中，死在他的怀里。为了纪念这一段刻骨铭心的爱情，他创作了这款以女友的名字命名的鸡尾酒玛格丽特。他选择了女友祖国的特有基酒龙舌兰，而糖浆代表他们甜蜜的爱情，柠檬代表心中的酸楚，而盐则代表他的眼泪。

虽然传说不可信，但你可以将这个浪漫的故事讲给陪你喝酒的她听（图5.29）。

载具：玛格丽特杯或碟形香槟杯。

调配方法：摇和法。

酒方：龙舌兰酒50 mL、君度25 mL、鲜青柠汁25 mL、糖浆1tsp、柠檬1片、冰块适量、盐适量。

制作步骤：

①用柠檬片擦拭杯缘，然后沾上盐。

②将杯子放于冷库进行冰杯。

③将龙舌兰酒、君度、鲜青柠汁、糖浆放入加有冰块的摇酒器中，摇匀后倒入杯中。

④用柠檬片装饰即可。

玛格丽特

图5.29 玛格丽特

（4）反舌鸟

简介：这是一款颜色清新口感也清新的鸡尾酒，翠绿的颜色加上柠檬薄荷的口感，适合在炎炎夏日来上一杯，既提神又醒脑，有人形容它的口感仿佛吃了薄荷口香糖，若是你刚刚吃过味道浓重的菜肴，不妨点上一杯反舌鸟，清新一下口气（图5.30）。

载具：碟形香槟杯。

调配方法：摇和法。

酒方：龙舌兰酒60 mL、绿色薄荷酒8 mL、柠檬汁8 mL、碎冰适量。

制作步骤：

①将所有材料放入摇酒器中充分摇和。

②过滤后倒入冰镇过的鸡尾酒杯中即可。

图5.30 反舌鸟

鸡尾酒调制学习任务书——龙舌兰酒及龙舌兰鸡尾酒调制

课程开始：请同学们明确教学目的与本节课重难点。

1. 在本节课需要掌握什么？ _____。

2. 本节课的难点是什么？ _____。

3. 本节课的重点是什么？ _____。

学习活动 1 : 夯实基础

任务描述（可能的工作场景）：

1. 作为酒店一名有经验的酒水推销员，请你为金色酒吧的客人推荐一款合适的龙舌兰酒。

2. 西餐厨房的总厨正在研究开发一款新的菜品，需要搭配一款龙舌兰酒，请你就菜品特色推荐一款合适的龙舌兰酒。

任务分解：

1. 请以小组为单位在网络上搜索龙舌兰酒的相关知识，包括酒水历史、酒水种类、酿酒原料、酿酒工艺、酒水特色及酒水配餐等。

酒水历史：_____

_____

酒水种类：_____

酿酒原料：_____

酿酒工艺：_____

_____

酒水特色：_____

_____

_____

酒水配餐：_____

2. 请以小组为单位在网络上尽可能多地查找龙舌兰酒的品牌，并了解品牌特色及售价。

3. 盘点实训室的龙舌兰酒库存，了解其品牌、特色及售价。

4. 品鉴龙舌兰酒，并了解其酒水特色。

5. 请你根据以上任务分解步骤完成以下品酒记录表（如果表格不够可自行增加）。

序号	酒水名称	所属品牌	相关内容（历史、类别等）	售　价	酒水特色（品鉴后填写）
1					
2					
3					
4					
5					
6					
7					
8					

学习活动2：基础技能

任务描述（可能的工作场景）：

你在一家酒店的特色酒吧工作，来酒吧喝酒的客人点了一杯地狱龙舌兰，而这款鸡尾酒由你进行调配。

任务分解：

1. 明确地狱龙舌兰的相关知识，包括由来、酒方、载具、调配方法、装饰等。

2. 完成调配方法的基础练习。

3. 完成地狱龙舌兰调配，展示你的作品。

学习活动 3：基础技能

任务描述（可能的工作场景）：你在一家酒店的特色酒吧工作，来酒吧喝酒的客人点了一杯龙舌兰日落，这款鸡尾酒由你进行调配。

任务分解：

1. 明确龙舌兰日落的相关知识，包括由来、酒方、载具、调配方法、装饰。

2. 完成调配方法的基础练习。

3. 完成龙舌兰日落调配，展示你的作品。

学习活动 4：基础技能

任务描述（可能的工作场景）：你在一家酒店的特色酒吧工作，来酒吧喝酒的客人点了一杯玛格丽特，这款鸡尾酒由你进行调配。

任务分解：

1. 明确玛格丽特的相关知识，包括由来、酒方、载具、调配方法、装饰。

2. 完成调配方法的基础练习。

3. 完成玛格丽特调配，展示你的作品。

学习活动 5：基础技能

任务描述（可能的工作场景）：你在一家酒店的特色酒吧工作，来酒吧喝酒的客人点了一杯反舌鸟，这款鸡尾酒由你进行调配。

任务分解：

1. 明确反舌鸟的相关知识，包括由来、酒方、载具、调配方法、装饰。

2. 完成调配方法的基础练习。

3. 完成反舌鸟调配，展示你的作品。

学习活动 6：高阶技能

任务描述（可能的工作场景）：客人在品尝过传统龙舌兰酒鸡尾酒后，要求品尝一款酒吧特色的龙舌兰酒鸡尾酒，这款鸡尾酒由你进行调配。

任务分解：

1. 你可以按照以下思路来设计一款鸡尾酒。

（1）在原有配方上进行更改。

（2）使用鸡尾酒调配公式。

①（Highball）基酒＋软性饮料。

②（Sour）酒＋酸＋甜。

③（Old Fashioned）烈酒＋甜＋水＋苦精。

④（Daisy）混合烈酒＋红石榴糖浆＋酸味果汁＋苏打水。

⑤（Punch）酒＋糖＋柠檬＋水＋茶或香料。

（3）设计口味。

①少女模式：酸酸甜甜，没酒味。

②硬汉模式：酒精度高，偏苦偏甜。

（4）选择特定的元素进行设计。

（5）符合特定场景饮用的鸡尾酒设计。

2. 你可以在以下资源里寻找灵感。

参考书目：《调好一杯鸡尾酒》《鸡尾酒世界》《鸡尾酒笔记》。

以小组为单位将设计的鸡尾酒写在下面，要写明使用场景、设计思路、主打人群、酒方、调制过程。

使用场景：_____

设计思路：_____

_____

主打人群：_____

酒方：_____

调制过程：_____

_____

_____

以小组为单位，将设计稿画在展示纸上。

课程总结：（请将你本节课所学到的知识写在横线上）

_____

_____

任务书完成打分

姓　名	分　数

项目6

威士忌和
威士忌鸡尾酒的调配

知识目标

1. 掌握威士忌的定义与起源。
2. 了解威士忌的生产过程。
3. 掌握威士忌的分类。
4. 了解威士忌的名厂与名酒。

技能目标

1. 掌握威士忌的品鉴方法。
2. 掌握威士忌鸡尾酒的调配技法。
3. 能够调配多款以威士忌为基酒的鸡尾酒。

素质目标

1. 通过对威士忌知识的学习，培养学生刻苦、有耐心的学习习惯，激发学生的学习兴趣，引导学生主动学习。
2. 通过威士忌品酒技能的训练，培养学生的审美能力，提升感受、鉴赏、评价和创造美的能力。

推荐课时：8课时。

任务1 威士忌的定义与起源

威士忌是用谷物为原料酿造，蒸馏后在木桶中陈年的烈酒。延续数个世纪的传统及政府的政策，威士忌的酿造原料只能是各种谷物，而马铃薯、水果、蜜糖等原料不能用来酿造威士忌。原料选择上的严格要求，使威士忌被冠以谷物酒之王的称号。

在酿造威士忌时常用的谷物有大麦、玉米、裸麦、小麦、燕麦、藜麦、黑小麦、荞麦等谷物也会出现在酿造原料中。酒厂会根据生产酒水的特点来选择酿造原料的谷物种类，如最佳风味或者良好的性价比。

人们总会为威士忌的英文名称到底是"Whiskey"还是"Whisky"而困惑，其实不用纠结，不管是用哪个单词指的都是威士忌这一款酒。只是爱尔兰和美国习惯用"Whiskey"的拼写，而苏格兰、加拿大和日本习惯用"Whisky"的拼写（图6.1）。

图6.1 "Whiskey"和"Whisky"

威士忌的历史可以追溯到蒸馏酒的诞生，据说蒸馏酒诞生后最开始被应用于医药，有一个"生命之水"（Aqua viae）的名字，很多烈酒都曾被冠上这个名字，威士忌也不例外。具体到威士忌的起源，苏格兰和爱尔兰都有悠久的酿造历史，相传最早是爱尔兰开始酿造，并由爱尔兰传入苏格兰。但最早有文献记载的是苏格兰，1494年苏格兰的财务省文书上记载了这样的内容："修道士约翰·克尔为酿造威士忌使用了八大碗大麦。"由于文件记录是可靠证据，因此大部分人将苏格兰视为威士忌的发源地。

18世纪初，为了应对战争导致的经费不足，英国政府大幅度提高酒税，并在之后的近100年里都延续这样高昂的酒税制度，使得蒸馏酒厂不堪重负，纷纷转入地下经营偷偷售卖酒水，这对酒水的及时售卖造成了很大的影响，经营者只能将多余的酒水放入木桶中储存，以便在合适的时候拿出来售卖，误打误撞地发展出陈年工艺，成就了威士忌的独特风味。而在此之前的威士忌还是无色透明的。

19世纪下半叶，法国的酿酒业因为根瘤蚜虫的肆虐而遭到毁灭性的打击，用于酿造白兰地和葡萄酒的葡萄大面积死亡，以至于完全没办法供应酒水，那时法国不但无法向英国销售酒水还转而变成从英国进口威士忌以满足国内市场，这场葡萄灾难成为威士忌发展壮大的契机。随后伴随着帝国版图的扩展，威士忌逐渐被世界各个国家所接纳并受到人们的喜爱。

时间线重新回到18世纪，在距离英国几千千米外的美国开始生产威士忌，来自英国的移民在美国的土地上利用印第安人的玉米酿造出了威士忌。1776年美国独立，1789年移民们在肯达基州波本镇酿造出了口感独特的波本威士忌，1964年美国国会颁布法案，波本威士忌是唯一的美国本土产蒸馏酒。

目前，全世界有五大威士忌，即苏格兰威士忌、爱尔兰威士忌、美国威士忌、加拿大威士忌和日本威士忌。

任务2 威士忌的生产、分类与品鉴

1）威士忌的生产

不同种类的威士忌制作工艺略有不同，如田纳西威士忌在蒸馏之后要添加一步硬木枫糖木炭醇滤。威士忌的制作大致可以分为以下几个基础步骤（图6.2）：

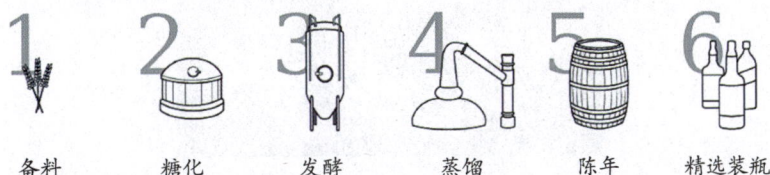

备料　　糖化　　发酵　　蒸馏　　陈年　　精选装瓶

图6.2 威士忌酿造工艺流程

（1）备料

酿造威士忌的第一步是选择原料，酿造威士忌所需的主要原料为谷物、水、酵母，以及在某些种类的威士忌中才会出现的一些辅助原料，如泥煤、硬木枫糖木炭等。

首先要确定的原料是谷物，主要使用的谷物种类会影响威士忌的风味特征，任何一款威士忌都有基础谷物。

大麦是酿造威士忌的首选谷物，可以直接用于酿酒，也可以发芽后再酿酒（图6.3）。用麦芽酿造的威士忌有最好的风味，发芽过程可以使大麦粒中自然产生多种酶，而酶可以分解蛋白质基质，让淀粉挣脱而出并转化为酵母易于分解的糖。但发芽如果不加以控制，嫩芽就会消耗大麦粒中的营养成分，从而降低出酒率。要在淀粉转化达到高峰，且嫩芽消耗太多营养之前中止发芽过程，而大麦的优势是它的发芽过程较容易控制。将大麦浸泡2～3天，平铺风干后的大麦粒便开始发芽，在此期间要不停地翻动大麦粒，控制温度和发芽情况，同时还要防止嫩芽纠结成团。在合适的时机将麦芽放入烘烤炉，则发芽停止。

图6.3 大麦与麦芽

　　玉米是美国酿造威士忌的常用谷物，身为美洲传统作物的玉米有着可观的产量，并且玉米粒富含淀粉，十分适合蒸馏。但它有两个明显的问题：一是玉米带给酒液的风味是强烈且单一的甜，需要搭配其他谷物，常见的搭档是麦芽、裸麦、小麦；二是玉米很难人为发芽，但经过碾磨和加热之后淀粉基质被打散，只要加入少量比例的麦芽，就能够提供足量的酵素，将玉米中的淀粉转化成糖。

　　裸麦也称黑麦，其谷粒呈淡褐色的长圆形，这种谷物有着很强的抗旱和抗寒能力，生命力顽强且对土壤的要求不高，即便是非常贫瘠的土地也可以种植。人们在酿酒时加入裸麦是因为它可以给酒水带来类似胡椒般的辛辣味以及香辛料香气，是一种很突出的风味，能够补充酒水在味觉上的劲道感。除了酿酒，人们还常用它制作面包，如果你无法想象裸麦带给酒的温暖干爽调性，可以联想一下裸麦（黑麦）面包（图6.4）。

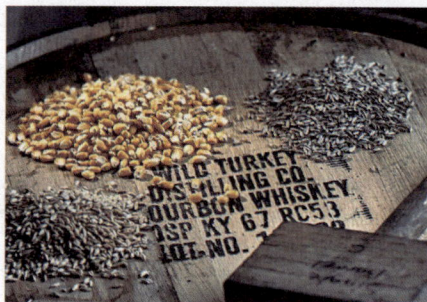

图6.4　玉米、裸麦与其他谷物

　　水作为酿造威士忌的原料十分重要，虽然几乎任何干净水源都可以用来酿酒，但是最好的水是有钙无铁的水，水中的钙是酵母菌所需的养分，水中的铁则会让酒液变黑且浑浊。很多酒厂都会标榜自己的优质水源。

　　酵母不单能将谷物中的糖转化为酒精，还会生产出其他数千种复合物从而创造出复杂的风味。很多知名的酒厂都会培育专属酵母为酒水带来独特风味，小心翼翼地保存这些酵母以便可持续利用。

　　辅助原料通常极具特色，能给威士忌带来独特的风味，甚至独特到成为某种威士忌的标志性特征。

　　苏格兰人很喜欢用泥煤为威士忌增添风味，对于他们来说泥煤是原料之一。泥煤来自泥煤沼泽，这是几千年间腐败的植物（多数为水藓）不断地在沼泽、泥淖中堆积起来的，它们埋在水下没有被风化，在高雨量、冷气候、不通风、土地排水差的环境中以每个世纪约5 cm的速度形成化石。随着地心引力的作用，下层的植物腐败遗骸被压实，如同碎木板。收割泥煤的时候，工人采用特定的工具将泥煤切成长条取出，排列整齐使其风干，干燥后的泥煤是绝佳的燃料，酒厂可以使用它来烘干大麦芽，使其染上强烈的泥煤风味，从而生产出让不少人痴迷的威士忌。因为形成泥煤沼泽的植物不同，所以不同地域出产的泥煤有独特的风格（图6.5）。

图6.5　泥煤采集与泥煤烟熏

美国田纳西威士忌使用硬木枫糖木炭醇滤蒸馏后的酒液（图6.6），硬木枫糖木炭是陈放6个月的枫糖木条燃烧后获得的木炭（图6.7）。为了不污染木炭，有些酒厂用威士忌引燃。枫糖木炭被用来醇滤酒液，可以将酒液中的苦味过滤掉，使得酒液更加圆润甘美。醇滤过后的酒液才会被装进橡木桶中陈年。

图6.6　硬木枫糖木炭醇滤酒液

图6.7　硬木枫糖木炭

（2）糖化

处理好的谷物被研磨成粉状，并与热水混合成麦浆，谷物中的淀粉会在这一过程中慢慢转变为可供酵母利用的糖。糖分溶于水中，形成带甜味的谷物汁，此时还没有酒精诞生。在这一步骤中温度很重要，温度过低则无法充分地转化糖，而温度过高则糖化的酶失去活性。有的酒厂选择设置一个适合的温度；有的酒厂选择在不同阶段逐步加温，有利于不同的酶在各个阶段发挥最大的效用。这个过程通常会用机械臂不停地搅动，便于糖化均匀地发生。从麦浆中滤出的糖水被称为麦汁，剩下的麦浆则多次用热水洗，便于获得更多更复杂的糖（图6.8）。

图6.8 糖化过程

（3）发酵

将糖化完成的麦汁进行冷却，然后加入酵母进行发酵，有些种类的威士忌在加入酵母的同时会加入酸麦芽浆（类似面点制作中的老面团），经过酵母转化，麦汁转变为低酒精度的酒汁（图6.9）。

图6.9 发酵过程

（4）蒸馏

发酵好的酒汁被放入蒸馏器中进行蒸馏，无论使用壶式蒸馏器、柱式/连续蒸馏器还是混合式蒸馏器（图6.10），都有一个元素起了至关重要的作用，那就是铜。蒸馏厂中成排的蒸馏器都采用铜的材质，因为铜可以和酒精蒸气中的硫（来自谷物中某些蛋白质）结合，形成硫酸铜，从而使杂质留下而流出干净的酒液。如果酿造谷物中有玉米，铜与酒精蒸气的化学反应可以将玉米中的油一起吸出。

图6.10 铜制蒸馏器

（5）陈年

蒸馏过后的酒水将放入橡木桶中进行陈年，由橡木桶给予威士忌色泽和更加复杂的风味。由于酒水要在橡木桶中陈放数年，所以橡木桶的制作尤其重要。

木桶在装入威士忌之前要先进行烘烤处理，将两端未封盖的木桶置于火炉上，让烈焰在木桶的内部燃烧（图6.11），这会对木材产生3个影响：第一，烘烤会在木桶内侧形成一层木炭（图6.12），木炭不仅可以加大与酒水的接触面积，作为绝佳的过滤物还能吸附酒水中的杂味；第二，烘烤可以分解橡木中的木质素，酒液与之长时间接触会产生香气分子，如带来椰子风味的内酯类、带来无花果香气的丁香酸乙酯等；第三，烘烤可以使橡木中的糖发生焦糖化，在木炭层的下方出现焦糖化的红层，当酒液浸润到这一层，便会带走其中的颜色、香气和糖分。

图6.11 火焰灼烧橡木桶

图6.12 橡木桶内侧木炭层

橡木桶的外侧，也就是橡木桶未经烧烤的部分，对威士忌陈年的影响也很重要。正常的橡木组织细胞可以让陈放其中的酒液与外界的氧气缓慢地进行交换，进入橡木桶的空气可以促进桶内的所有化学反应，是酒液得以熟成的重要因素。同时，橡木桶中的酒液会逸散到空气中，造成损失，酿酒师们称之为"天使份额"，他们认为损失的酒水是被天使享用了。不同地域气候不同，天使份额的比例不一样。

此外，选择一个合适的橡木桶对酒水的风味影响具有决定性的作用，这里有一个特别的选择：是用新桶还是用旧桶。美国人生产威士忌通常用新桶，如波本威士忌、田纳西威士忌，使用一次之后便不再使用，而是转手将木桶卖掉。而苏格兰人生产威士忌通常用旧桶，酒厂会全世界买入旧桶，如选择陈酿过波本的桶、陈酿过雪莉酒的桶，酒厂会用陈放过不同酒水的旧桶来陈年自己的威士忌，以获得更加复杂的风味。

之所以会作出完全不同的选择，是因为人们对美味威士忌的理解不同（图6.13），美国人认为橡木桶就如同茶包，浸泡一次之后第二次就没有风味了，而苏格兰人则认为新的橡木桶风味太浓烈，有些粗糙刺口，而陈酿过其他酒水的旧桶不但风味更加温和，还会带有之前陈酿的酒水风味，能给威士忌带来更复杂、更有层次、更深层的东西。

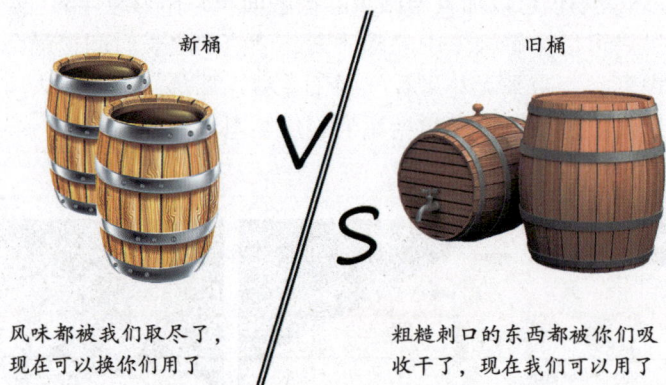

新桶

旧桶

VS

风味都被我们取尽了，
现在可以换你们用了

粗糙刺口的东西都被你们吸
收干了，现在我们可以用了

图6.13　对橡木桶的理解

酒水静静地沉睡在橡木桶中，完成它破茧成蝶的一步，这些酒水至少要在橡木桶中待上一段时间，有些酒水甚至可以在橡木桶中沉睡几十年（图6.14）。

图6.14　酒水在橡木桶中陈年

（6）精选与装瓶

酿酒师会定期抽查木桶中酒水的陈酿情况，当酒水熟成达到预期目标，如单一麦芽、调和款、单一木桶陈年款等，酒厂就会进行装瓶。大部分品种的威士忌在装瓶前要进行调和，能否有完美的风味就要靠调酒师的经验了。不同木桶中的酒液进行混合，再放置一段时间确保品质均匀后再装瓶（图6.15）。

图6.15　精选与装瓶

2）威士忌的分类

威士忌种类繁多，分类极为复杂，在此仅简单介绍苏格兰和美国威士忌的大致分类方法。

（1）苏格兰威士忌

根据规章，苏格兰威士忌需要符合以下几个条件：第一，所有制作工艺需在苏格兰境内完成；第二，原料中必须有麦芽，不足部分可以添加其他谷物；第三，仅用谷物中的酵素进行淀粉转化；第四，仅用酵母作为发酵添加物；第五，蒸馏后酒液的酒精度不得高于94.8%；第五，陈年的橡木桶不得大于700 L，且放置的场所符合规定，陈年时间不得少于3年；第六，需保留来自原料、制作过程和熟化过程所形成的色泽、香气和口感；第七，不得使用水和酒用焦糖以外的添加物；第八，装瓶后的酒水酒精度不得低于40%。

按照规章生产出来的苏格兰威士忌可以分为以下5种类型（图6.16）：

①单一麦芽威士忌：在单独一间酒厂经过一次或多批次蒸馏，且仅使用发芽大麦与罐式蒸馏器制作的威士忌。这样的威士忌更能体现酒厂的个性。

②单一谷物威士忌：在单独一间酒厂经一次或多批次蒸馏，其原料中除麦芽外必须有部分使用其他谷粒制作的威士忌。

③调和麦芽威士忌：以两种以上不同酒厂出产的单一麦芽威士忌调和而成的威士忌。

④调和威士忌：以一种以上的单一麦芽威士忌与一种以上的单一谷物威士忌调和而成的威士忌。其稳定的品质和良好的口感成为占比最大的调和类型。

⑤调和谷物威士忌：以两种以上不同酒厂出产的单一谷物威士忌调和而成的威士忌。

图6.16 5种类型的苏格兰威士忌

（2）爱尔兰威士忌

爱尔兰威士忌中谷物威士忌居多，偏向制作调和威士忌，钟爱柔和顺滑的酒水风格，品饮起来给人一种很舒适的感觉。传统上爱尔兰威士忌不使用泥煤，会以单式蒸馏器进行3次蒸馏。现在开始多样化发展，按照市场喜好制作各式威士忌。

爱尔兰威士忌大致可以分为4类：单式蒸馏器威士忌、单一麦芽威士忌、谷物威士忌、调和威士忌。

（3）美国威士忌

美国威士忌中，最著名的当属波本威士忌、田纳西威士忌、裸麦威士忌，还有些其他类别如黑麦麦芽威士忌、小麦威士忌、小麦麦芽威士忌、玉米威士忌等。美国威士忌的类型主要围绕这几种进行变化。

①波本威士忌。必须使用51%或以上的玉米为原料，其余部分补充麦芽、裸麦或小麦。除此之外，波本威士忌必须在美国境内生产，使用烧烤过的新橡木桶且只使用一次，蒸馏后酒精度不超过80%，并且以不超过62.6%的酒精度入桶，装瓶前加水稀释后的浓度不低于40%，不允许添加着色剂、调味剂及混合材料（调和波本威士忌除外）。

②田纳西威士忌。与波本威士忌类似，只是增加了林肯郡工序，即酒水在蒸馏之后陈年之前，要经过硬木枫糖木炭醇滤。

③裸麦威士忌。必须使用51%或以上的裸麦为原料，其余部分补充麦芽与玉米等谷物。

④其余类别。其余的类别包括小麦威士忌（51%或以上的小麦）、小麦麦芽威士忌（51%或以上的小麦麦芽）、黑麦麦芽威士忌（51%或以上的黑麦麦芽）都是以主要原料为51%为限制进行区分。

玉米威士忌则是例外，首先，它必须使用80%或以上的玉米为原料；其次，陈年工艺不是玉米威士忌的必需选项，如果选择陈年就必须标明"在旧的或未经烧烤的橡木桶陈年，且酒水未经任何烧烤木材处理"。

3）威士忌的品鉴

想要科学优雅地品饮威士忌，首先要看酒标了解其详细的基础信息，如品牌、原料、产地、年份、酒精度、容量、过桶类型等。

其次要准备一个合适的品酒杯，纯饮威士忌的杯子有两类：第一类是纯饮品鉴类，这款杯子的杯形要有利于观色、闻香、品饮，宽肚收口的杯子易于满足以上要求，如格兰凯恩杯、雪莉酒杯、郁金香杯、ISO杯；第二类是加冰观赏类，这类杯子杯壁较厚，有美丽的花纹以利于折射光线，配合冰球可以有完美的光影，如古典威士忌酒杯（图6.17）。

（a）格兰凯恩杯　　　　　　（b）雪莉酒杯　　　　　（c）古典威士忌酒杯

图6.17　纯饮威士忌的酒杯

再次看色闻香，将酒水倒入杯中，晃动酒杯的同时观看酒液的颜色，通常情况下颜色越深酒龄越大。除时间之外还有很多因素都会影响威士忌的色泽，如木桶尺寸、是否是新桶陈年、是否添加焦糖色素、旧桶的使用次数等。单纯通过酒水色泽来判断酒水并不容易，需要其他信息配合分析。

在感受威士忌的香味时，需要将鼻子放到杯子中缓慢、深深地吸气，这个动作可以多做几次。威士忌的香味主要来自两个方面：其一是蒸馏酒水，包括酿造的谷物、发酵方式、蒸馏方法等带给酒水的风味；其二是木桶，包括是否是新桶、旧桶的种类等。不同酒厂对酿造酒水的理念不同，有些酒款的香气主要来自酒液，而有些酒款的香气主要来自木桶，当然也有在这两者之间寻求平衡的酒款（图6.18）。

图6.18　香气来源

最后品尝风味，此时可以在杯中加入纯水，然后饮一口酒水，让酒水在口腔中来回流动，让味蕾充分地与酒液接触，然后缓缓咽下，伴随着呼吸，让口腔和鼻腔综合体会酒水的滋味。

任务3　威士忌的名厂与名酒

（1）尊尼获加 Johnnie Walker

尊尼获加是苏格兰调和威士忌，有时也被译为"约翰走路"，它的酒瓶上有一个戴着绅士帽、手持拐杖、大步前行的人物形象，就连经典广告语都是"keep walking"（图6.19）。

尊尼获加的历史可以追溯到19世纪初。1820年，15岁的John Walker开始在自家店里工作，纯麦芽威士忌是小店的商品之一，John Walker敏锐地发现每桶威士忌的口味都不一样，为了维持稳定的品质，他开始尝试调配威士忌，他所调配的威士忌大受欢迎。1857年John Walker去世，20岁的亚历山大继承父亲的事业，经过反复研究，他调配出了名为"老高地威士忌"的全新威士忌，即大名鼎鼎的尊尼获加黑方威士忌的前身。1867年亚历山大注册了商标，并确定了倾斜的商标和方形的酒瓶，这个设计被沿用至今。后来亚历山大的继承者小亚历山大和兄长为尊尼获加增添了"行走的绅士"这一标志。1909年，红方和黑方被推向市场，美好的口感很快俘获了消费者的心。在之后百年时间里，尊尼获加陆续推出其他酒款，它们各有特点，都以品质优异著称。现今的尊尼获加已经是威士忌市场上享有无上荣光的品牌之一。

图6.19 标志和外形

　　主要品种包括红方也称红牌或红标（Red Lable）（8年），由35种威士忌调配而成；黑方也称黑牌或黑标（Black Lable）（12年），由40种威士忌调配而成；绿牌（Green Lable）（15年），由15种单一麦芽威士忌调配而成，适合纯饮；金牌（Gold Lable）（18年）采用了1920年小亚历山大为品牌世纪庆典留下的秘方，由数种珍稀单一麦芽威士忌调配而成；蓝牌（Bule Lable）（20年）是尊尼获加的旗舰产品，数量稀少（图6.20）。

图6.20 从左到右依次为红方、黑方、绿牌、金牌、蓝牌

（2）布什米尔 Bushmills

　　布什米尔又被译为百世醇，是爱尔兰威士忌。布什米尔酒厂的历史非常悠久，是爱尔兰现存酒厂中最古老的。在爱尔兰和苏格兰关于威士忌起源之争中，爱尔兰起源说就跟这家酒厂有关系。

　　时间可以追溯到1608年，英格兰国王詹姆士一世授予了安特里姆郡的主人托马斯·菲利普斯爵士蒸馏许可证，据说在此之前的一个世纪，当地村民就已经开始酿造威士忌了。1784年酒厂正式成立，并以壶式蒸馏器图案作为自己的标志（图6.21）。布什米尔酒厂在1885年曾毁于火灾，1889年巴黎世界博览会布什米尔凭借极其优秀的品质而获得金牌，1890年，一艘名为布什米尔号的船载着它们的酒水进行了世界之旅。之后的岁月中，酒厂又曾因战火而遭到损失，最终它穿过历史的长河，带着古老而卓越的威士忌走到人们的面前。

图6.21 标志和外形

布什米尔威士忌采用大麦麦芽酿制，并且遵照传统不经过泥煤烘烤，酒液要进行3次蒸馏，最终获得没有烟熏味且温和细致的威士忌。

主要品种包括布什米尔白标威士忌、布什米尔黑标威士忌、布什米尔10年单一麦芽威士忌、布什米尔12年单一麦芽威士忌、布什米尔16年单一麦芽威士忌、布什米尔21年单一麦芽威士忌（图6.22）。

（a）布什米尔白标威士忌　（b）布什米尔黑标威士忌　（c）布什米尔10年单一麦芽威士忌　（d）布什米尔12年单一麦芽威士忌　（e）布什米尔16年单一麦芽威士忌　（f）布什米尔21年单一麦芽威士忌

图6.22 布什米尔威士忌

（3）杰克丹尼 Jack Daniel's

杰克丹尼是美国田纳西威士忌，它诞生于田纳西州林奇堡。历史可以追溯到19世纪50年代，品牌创始人杰克丹尼（Jack Daniel）1850年诞生于一个多子女家庭，他很小就在当地商店工作，酒厂老板卡尔牧师在他13岁的时候将酒厂卖给了他，1866年年仅16岁的酒厂主人就使自己的酒厂成为美国最早合法登记的酒厂。经过多年的研究与实践，杰克做出了号称传奇的"7号"，酒标上醒目的"Old No.7"引发了众多的猜测。有个猜测较为靠谱，认为之所以命名为"7号"，是因为它来源于杰克丹尼的第七次尝试产生的作品。他的签名就在7号方瓶，而瓶身上的另一个名字则是杰克最喜欢的外甥也是他的继承者列姆·莫罗（Lem Motlow）。杰克丹尼酒厂已经连续生产了100多年，中途曾因禁酒令和两次世界大战停止生产，直到现在他们依然沿用最初杰克丹尼所创造的酿造方法。

杰克丹尼采用玉米（80%）、裸麦（8%）和大麦（12%）3种谷物进行酿造，酿酒的水采自林奇堡的一处洞穴泉，水源穿过石灰岩，纯净且不含铁质，是独具风味的硬水（图6.23），蒸馏成为70%的酒精度，并经过巨大的糖枫木炭槽过滤，最后使用烘烤过的新橡木桶进行陈年。这样得到的威士忌有着独特的风味。

图6.23　洞穴泉

主要品种包括旗舰酒类7号，补充酒类杰克绅士、单桶（图6.24）。

（a）杰克丹尼7号　　　（b）杰克绅士　　　（c）单桶

图6.24　杰克丹尼

威士忌品牌众多，还有一些其他品牌也非常优秀，以下简单列举一些。

苏格兰不同地区（图6.25）均产出非常优质的威士忌。

苏格兰高地地区有大摩尔（Dalmore）、本尼维斯（Ben Nevis）、格兰哥尼（Glengoyne）、格兰盖瑞（Glen Garioch）、格兰杰（Glenmorangie）、欧本（Oban）、达尔维尼（Dalwhinnie）、克里尼利基（Clynelish）、托马汀（Tomatin）等。

苏格兰斯佩塞地区有麦卡伦（The Macallan）、百富（The Balvenie）、格兰菲迪（Glenfiddich）、格兰利维特（The Glenlivet）、芝华士（Strathisla）、格兰花格（Glenfarclas）、格兰根摩（Gragganmore）、格兰爱琴（Glenelain）、洛坎多（Knockando）、本利亚克（Benrlach）等。

苏格兰低地及坎贝尔镇地区有欧肯特轩（Auchentoshan）、格兰昆尼（Glenkinchie）、云顶（Springbank）等。

苏格兰岛屿区有高原骑士（Highland Park）、爱伦（The Arran）、吉拉（Jura）、斯卡帕（Scapa）、泰斯卡（Talisker）等。艾雷岛有阿贝（Ardbeg）、波摩（Bowmore）、本拿哈布（Bunnahabhain）、布鲁莱迪（Bruichladdich）、卡尔里拉（Caolila）、拉加维林

（Lagavulin）、拉弗格（Laphroaig）等。

苏格兰调和式威士忌有百龄坛（Ballantine's）、起瓦士（Chivas Regal）、顺风（Cutty Sark）、帝王（Dewar's）、威雀（The Famous Grouse）、老帕尔（Old Parr）、怀特马凯（Whyte&Mackay）等。

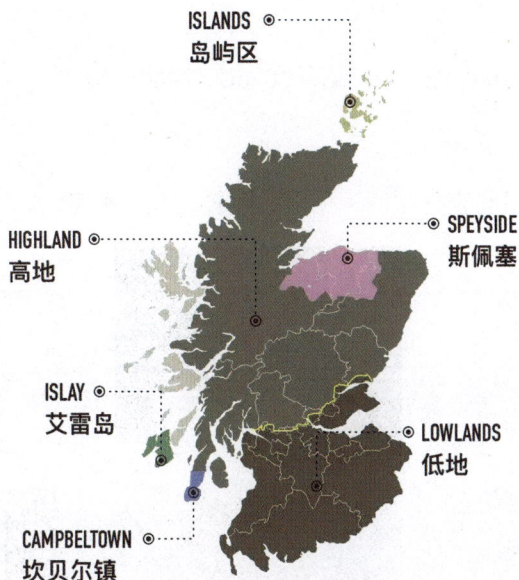

图6.25 苏格兰不同地区

爱尔兰威士忌有布什米尔（Bushmills）、尊美醇（Jameson）、图拉多（Tullamore Dew）、麦可顿（Midleton）、康尼马拉（Connemara）等。

美国威士忌有钱柜（Elijah Craig）、伊凡威廉（Evan Williams）、布兰登（Blanton's）、哈伯（Lw.Harper）、四玫瑰（Four Roses）、占边（Jim Beam）、时代（Early Times）、野火鸡（Wild Turkey）、马克（Maker's Mark）、老费慈杰罗德（Old Fitzgerald）、奇鹰（Eagle Rare）等。

加拿大威士忌有加拿大俱乐部（Canadian Club）、皇冠（Crown Royal）等。

日本威士忌有山崎（Yamazaki）、百州（Hakushu）、响（Hibiki）、竹鹤（Taketsuru）、余市（Yoichi）、鹤（Tsuru）、宫城峡（Miyagikyo）、富士山麓（Fujisanroku）等。

任务4 威士忌鸡尾酒的调配

（1）教父 Godfather

简介：说到教父这个名字会让人联想到著名的电影《教父》（*The Godfather*），沉郁冷静的风格，颇具浪漫主义色彩的黑手党剧情让人难以忘怀，而教父鸡尾酒同样如此，据说在电影里饰演教父维托·柯里昂的美国演员马龙·白兰度最喜欢这款鸡尾酒（图6.26）。

想象一下，一位西装革履的绅士坐在吧台上，手边放着一杯极具格调的教父，是不是很有感觉？而且这款酒超级好喝，原始的酒谱用的是苏格兰调和威士忌，材料比例可以根据个人口味调整，喜欢香甜一点，就加多一点杏仁酒；喜欢硬汉风格，就加多一点威士忌。

载具：古典杯或威士忌杯。

调配方法：搅和法。

酒方：苏格兰威士忌60 mL、蒂萨诺酒20 mL、冰块一整块。

制作步骤：

①在杯中加入冰块。

②加入苏格兰威士忌与杏仁甜酒，用吧叉匙轻搅几下即可。

教父　　野格炸弹

图6.26　教父

（2）曼哈顿 Manhattan

简介：曼哈顿给你的印象是什么？曼哈顿是美国的经济和文化中心，世界上摩天大楼最密集的地区之一，华尔街、联合国、时代广场，光是看着这些名词，金钱与精英的气息就扑面而来，一如这款酒给你的感觉，当你站在落地窗前俯瞰曼哈顿灯火辉煌的夜景时，手里持一杯曼哈顿浅酌，不去曼哈顿，你依旧可以体味异国风情（图6.27）。

相传这款酒出自英国首相丘吉尔之母——珍妮·杰罗姆（Jennie Jerome）。1874年，她在美国总统候选人塞缪尔·蒂尔顿（Samuel Tilden）的竞选晚宴上调出了这款酒，当然传说并不可信，因为当时她正在欧洲待产，而且蒂尔顿是在1876年成为总统候选人的。

载具：马丁尼杯。

调配方法：搅和法。

酒方：波本威士忌60 mL、甜香艾酒（红）20 mL、原味苦精1Dash、柳橙皮油适量、红樱桃1个、皮卷1条。

制作步骤：

①将马丁尼杯进行冰杯。

②调酒杯中加入冰块，将所有原料倒入调酒杯中进行搅拌。

③滤掉冰块，将酒液倒入马丁尼杯中。

④喷上柳橙皮油，用皮卷和樱桃做装饰即可。

图6.27 曼哈顿

爱尔兰
汽车炸弹

（3）威士忌酸酒 Whisky Sour

简介：柠檬让这款鸡尾酒有着十分爽口的口感，除了威士忌酸酒，还可以将基酒更换为白兰地，调制白兰地酸酒，金酒或者朗姆酒也能调出不错的味道，如果觉得这款酒的酒精度低，还可以将酒方中的苏打水去掉（图6.28）。

载具：海波杯或古典杯。

调配方法：摇和法。

酒方：威士忌45 mL、柠檬汁20 mL、砂糖5 g、苏打水少量、柠檬1片。

制作步骤：

①将威士忌、柠檬汁、砂糖倒入摇酒器中剧烈摇和。

②将摇和好的酒倒入酒杯中，然后用柠檬片和樱桃装饰。

③用苏打水填满剩余空间，最后慢慢调和即可。

图6.28 威士忌酸酒

威士忌酸酒

（4）纽约 New York

简介：这款鸡尾酒以世界著名的大都市之一纽约命名。调配时可以选择美国产的波本威士忌或者黑麦威士忌，看到这款鸡尾酒很容易让人联想到大都市美丽的落日黄昏，神秘深邃，红石榴糖浆造就了这一效果。在调制过程中要把握红石榴糖浆的量，放多了会使酒液呈现粉红色，放少了没有足够的色彩美（图6.29）。

载具：香槟杯。

调配方法：摇和法。

酒方：波本威士忌45 mL、柠檬汁15 mL、红石榴糖浆5 mL、糖浆1tsp，柠檬皮少许。

制作步骤：

①将柠檬皮扭成螺旋状待用。

②将威士忌、柠檬汁、红石榴糖浆、糖浆与碎冰倒入摇酒器中。

③充分摇匀后，过滤倒入冷却的鸡尾酒杯中。

④放上少许柠檬皮作为装饰即可。

纽约

图6.29 纽约

（5）老伙伴 Old Pal

简介：这款鸡尾酒有着漂亮的深红色，这来自金巴利，除了有吸引人的色泽，这款酒还有着十分爽口的口感，不是来自柠檬酸而是来自配酒的苦，威士忌的芳香、金巴利的些许苦味与苦艾酒相配，饮用后舌尖弥漫着醉人的芳香，舌根缭绕着微微的苦，十分适合性格沉静、有故事的人饮用。这款老伙伴在1920年美国实行禁酒法以前是非常受欢迎的一款鸡尾酒，其历史非常悠久（图6.30）。

载具：香槟杯。

调配方法：调和法。

酒方：黑麦威士尼20 mL、苦艾酒20 mL、金巴利20 mL。

制作步骤：

①提前将酒杯进行冰杯。

②把黑麦威士忌、苦艾酒、金巴利倒入调酒杯中进行调和。

③将调好的酒滤入杯中。

图6.30　老伙伴

鸡尾酒调制学习任务书——威士忌及威士忌鸡尾酒调制

课程开始：请同学们明确教学目的与本节课重难点。

1. 在本节课需要掌握什么? _____。

2. 本节课的难点是什么? _____。

3. 本节课的重点是什么? _____。

学习活动1：夯实基础

任务描述（可能的工作场景）：

1. 作为酒店一名有经验的酒水推销员，请你为金色酒吧的客人推荐一款合适的威士忌。

2. 西餐厨房的总厨正在研究开发一款新的菜品，需要搭配一款威士忌，请你就菜品特色推荐一款合适的威士忌。

任务分解：

1. 请以小组为单位在网络上搜索威士忌的相关知识，包括酒水历史、酒水种类、酿酒原料、酿酒工艺、酒水特色及酒水配餐等。

酒水历史：_____

_____

_____

酒水种类：_____

酿酒原料：_____

酿酒工艺：_____

_____

酒水特色：_____

_____

_____

酒水配餐：_____

2. 请以小组为单位在网络上尽可能多地查找威士忌的品牌，并了解品牌特色及售价。

3. 盘点实训室的威士忌库存，了解其品牌、特色及售价。

4. 品鉴威士忌，并了解其酒水特色。

5. 请你根据以上任务分解步骤完成以下品酒记录表（如果表格不够请自行增加）。

序号	酒水名称	所属品牌	相关内容（历史、类别等）	售　价	酒水特色（品鉴后填写）
1					
2					
3					
4					
5					
6					
7					
8					

学习活动 2：基础技能

任务描述（可能的工作场景）： 你在一家酒店的特色酒吧工作，来酒吧喝酒的客人点了一杯教父，而这款鸡尾酒由你进行调配。

任务分解：

1. 明确教父的相关知识，包括由来、酒方、载具、调配方法、装饰。

2. 完成调配方法的基础练习。

3. 完成教父调配，展示你的作品。

学习活动 3：基础技能

任务描述（可能的工作场景）：你在一家酒店的特色酒吧工作，来酒吧喝酒的客人点了一杯曼哈顿，而这款鸡尾酒由你进行调配。

任务分解：

1. 明确曼哈顿的相关知识，包括由来、酒方、载具、调配方法、装饰。

2. 完成调配方法的基础练习。

3. 完成曼哈顿调配，展示你的作品。

学习活动 4：基础技能

任务描述（可能的工作场景）：你在一家酒店的特色酒吧工作，来酒吧喝酒的客人点了一杯威士忌酸酒，而这款鸡尾酒由你进行调配。

任务分解：

1. 明确威士忌酸酒的相关知识，包括由来、酒方、载具、调配方法、装饰。

2. 完成调配方法的基础练习。

3. 完成威士忌酸酒调配，展示你的作品。

学习活动 5：基础技能

任务描述（可能的工作场景）：你在一家酒店的特色酒吧工作，来酒吧喝酒的客人点了一杯纽约，而这款鸡尾酒由你进行调配。

任务分解：

1. 明确纽约的相关知识，包括由来、酒方、载具、调配方法、装饰。

2. 完成调配方法的基础练习。

3. 完成纽约调配，展示你的作品。

学习活动 6：高阶技能

任务描述（可能的工作场景）：客人在品尝过传统朗姆酒鸡尾酒后，要求品尝一款你们酒吧的特色威士忌鸡尾酒，而这款鸡尾酒由你进行调配。

任务分解：

1. 你可以按照以下思路来设计一款鸡尾酒。

（1）在原有配方上进行更改。

（2）使用鸡尾酒调配公式。

①（Highball）基酒 + 软性饮料。

②（Sour）酒＋酸＋甜。

③（Old Fashioned）烈酒＋甜＋水＋苦精。

④（Daisy）混合烈酒＋红石榴糖浆＋酸味果汁＋苏打水。

⑤（Punch）酒＋糖＋柠檬＋水＋茶或香料。

（3）设计口味。

①少女模式：酸酸甜甜，没酒味。

②硬汉模式：酒精度高，偏苦偏甜。

（4）选择特定的元素进行设计。

（5）符合特定场景饮用的鸡尾酒设计。

2. 你可以在以下资源里寻找灵感。

参考书目：《调好一杯鸡尾酒》《鸡尾酒世界》《鸡尾酒笔记》。

请以小组为单位将设计的鸡尾酒写在下面，要写明使用场景、设计思路、主打人群、酒方、调制过程。

使用场景：＿＿＿＿＿＿＿＿＿＿＿＿＿＿＿＿＿＿＿＿＿＿＿＿＿＿＿

设计思路：＿＿＿＿＿＿＿＿＿＿＿＿＿＿＿＿＿＿＿＿＿＿＿＿＿＿＿

＿＿＿＿＿＿＿＿＿＿＿＿＿＿＿＿＿＿＿＿＿＿＿＿＿＿＿＿＿＿＿

主打人群：＿＿＿＿＿＿＿＿＿＿＿＿＿＿＿＿＿＿＿＿＿＿＿＿＿＿＿

酒方：＿＿＿＿＿＿＿＿＿＿＿＿＿＿＿＿＿＿＿＿＿＿＿＿＿＿＿＿＿

调制过程：＿＿＿＿＿＿＿＿＿＿＿＿＿＿＿＿＿＿＿＿＿＿＿＿＿＿＿

＿＿＿＿＿＿＿＿＿＿＿＿＿＿＿＿＿＿＿＿＿＿＿＿＿＿＿＿＿＿＿

＿＿＿＿＿＿＿＿＿＿＿＿＿＿＿＿＿＿＿＿＿＿＿＿＿＿＿＿＿＿＿

请以小组为单位将设计稿画在展示纸上。

课程总结：（请将你本节课所学到的知识写在横线上）

_____

_____

任务书完成打分

姓　名	分　数

项目7

白兰地和
白兰地鸡尾酒的调配

知识目标

1. 掌握白兰地的定义与起源。
2. 了解白兰地的生产过程。
3. 掌握白兰地的分类。
4. 了解白兰地的名厂与名酒。

技能目标

1. 掌握白兰地的品鉴方法。
2. 掌握白兰地鸡尾酒的调配技法。
3. 能够调配多款以白兰地为基酒的鸡尾酒。

素质目标

1. 通过对白兰地知识的学习，培养学生认识世界和改造世界的活动能力，充分发挥学生的主动性和积极性。

2. 通过白兰地调酒技能的训练，培养学生追求卓越的职业理想，不断优化技能水平，能够实现更高的工作效率和成品品质。

推荐课时：8课时。

任务1　白兰地的定义与起源

　　白兰地的定义分为广义和狭义。广义的白兰地是指一种以水果为原料，经过发酵、蒸馏后酿造而成的蒸馏酒。有放入木桶中长年储藏使它成熟的酒款，也有新鲜清澈的未陈年酒款，除葡萄外，其余水果作为原料都会在白兰地前面加上水果的名称，如苹果白兰地、樱桃白兰地等。狭义的白兰地是指以葡萄为原料进行发酵、蒸馏、橡木桶储存而成的烈酒（图7.1）。

图7.1　白兰地与苹果白兰地

　　白兰地的历史可以追溯到蒸馏技术问世之后，具体的起源地并不确定，在同时具备拥有葡萄酒和掌握蒸馏技术这两个条件的地区都有可能诞生原始且粗糙的白兰地。

　　英国专家李约瑟博士曾经发表文章，他认为白兰地诞生于中国。明朝的李时珍在《本草纲目》中写道：葡萄酒有两种，即葡萄酿成酒和葡萄烧酒。葡萄烧酒是将葡萄发酵后，用甑蒸之，以器承其露。这种方法始于高昌（现为新疆吐鲁番），唐朝破高昌后，传到中原大地。这说明中国在唐朝时期就制作了初始状态的白兰地。而这种技术很可能是沿着丝绸之路进入西方的。

　　在欧洲，白兰地的历史可以追溯到13世纪的法国，与其他烈酒相似，白兰地诞生的初期是作为医疗用途。据记载，1250年法国的一些修道院开始将葡萄酒进一步蒸馏从而获得烈酒，被称为"生命之水（eau-de-vie）"。1485年，法国萨勒诺医院的一张图表有力地证明了当时的蒸馏水平已经很高。

　　最开始荷兰商人看中了法国的葡萄酒，13世纪他们将法国产的葡萄酒贩卖至北海沿岸国家，而到了16世纪荷兰商人发现两个问题：首先葡萄酒产量增加和路途遥远两个因素导致葡萄酒容易在卖出前变质；其次行商有高额的税金，减少船上的货运量可以降低税金。精明的荷兰商人将葡萄酒进行蒸馏，这样不但可以避免变质而且可以大幅度降低运费。在荷兰语里白兰地是"烧焦的葡萄酒"。1549年，法国夏朗德省的拉罗谢尔有最早关于白兰地的记载"四巴里克桶白兰地，适于售卖"。

　　17世纪法国的蒸馏技术得以改进，他们开始采用二次蒸馏，关于这个还有一个有趣的小故事：某天有位白兰地酒商晚上做梦，梦见恶魔为了攫取他的灵魂而将他烹煮两次。吓醒之后他忽然想到是不是可以将白兰地也蒸馏两次，以便萃取出白酒的灵魂。

　　1701年，法国卷入战争，白兰地销售量大跌导致积压，酒商不得不将酒水放入橡木桶中储存，战争结束后，人们意外地发现在橡木桶中长期储存的酒水变得如同琥珀一般金黄醇厚，刺激性和辛辣感消失，取而代之的是香醇柔和。至此白兰地终于完成高贵典雅的转身。

　　世界上许多国家都生产白兰地，如法国、德国、西班牙、葡萄牙、美国、澳大利亚，以及非洲等，其中法国出品的白兰地无疑是最驰名的。而在法国，又以干邑和雅文邑出产的白兰地最好。

任务2　白兰地的生产、分类与品鉴

1）白兰地的生产

　　作为法国人最为珍视的烈酒，干邑和雅文邑出产的白兰地各具特色，两者从风土到葡萄再到蒸馏等工序都有些许区别。干邑沿海更利于国际贸易，在国际市场上的干邑白兰地更为常见。雅文邑地处内陆，制作工艺更为传统。

（1）干邑

　　由于水果类的原料比谷物类的原料更讲究风土，因此每一个出产白兰地的地区都会自豪于自家风土，而干邑的风土更是得天独厚。干邑土质独特，其气候适合葡萄的种植。这个宝藏之地分为6个产区，分别是大香槟区、小香槟区、边缘区、上林区、优林区、平林区。

　　大香槟区出产的葡萄质量最好也最贵，这里的土壤是富含石灰质的白垩土（图7.2），质地较为疏松，且能很好地储存水分和排出多余水分。小香槟区出产的葡萄仅次于大香槟区，这里的白垩土土壤层比大香槟区稍薄且疏松性稍差，这两个区域都属于白垩土，其所产的白兰地带有迷人花香，且余韵悠长。边缘区有独特的小气候，它的土壤是黏土和由石灰石脱碳后形成的燧石土壤，所产葡萄酿制的酒带有独特的紫罗兰花香。上林区的土壤大部分为白垩土，下层属石灰岩，葡萄生长速度最快。优林区部分靠近海岸，受大西洋气候影响，其土壤下层属石灰岩，葡萄成长较慢。平林区临近大西洋，土质黏性低，所产的酒带有强烈的泥土风味和海洋气息。

图7.2　白垩土

白垩土由小化石垒叠而成，其中包括一个独有的物种"囊状牡蛎"（图7.3）。《法国地质调查》认为这种土壤是一种灰白白垩土的单一置换体，它或多或少附带泥灰和硅石的成分，质地柔软，特别是在中心区域，它主要存在于含有硅石黑矿洞穴与低价白铁矿石块共同构成的断层中。

图7.3 "囊状牡蛎"

干邑地区多数土地有极为优良的渗透性，如果从侧面看土层结构，就可以发现它地表以松软的白垩土为主，往深层走石灰石的含量很高，有的地方是黏土质高岭石泥土，这样的土壤结构理想，可以使底部土层像一个巨大的海绵积蓄多余的雨水，并在日后干燥时渐渐释放出来，相当于一个天然的储排水系统（图7.4）。

图7.4 土层结构

除土地之外，干邑的气候温和，漫长的夏日让葡萄得以缓慢生长，即便是明媚的艳阳天也不会让人觉得酷热（猛烈的阳光会导致葡萄糖分过多，影响酒水风味），温和的冬季使白兰地香醇更甚。这里在合适的季节经常下小雨，小到有时只是持续不断的雾霭，空气中水汽饱满，给土壤带来湿度。

干邑的葡萄品种经过精心挑选，极为适合酿制白兰地。在过去4个世纪中人们先是选择巴尔扎克葡萄，后来换成了弗尔种，随着弗尔种在19世纪70年代的虱虫灾害中毁于一旦，干邑又选择了白玉霓（Ugni Blanc）葡萄来酿造白兰地。

白玉霓又被译为乌尼勃朗（图7.5），干邑恰好处在培育该品种的北方极限地带，它保留着相对的青涩和酸气，孕育出不同口感的果汁，并且不易遭受暮春期间霜冻的伤害。

图7.5 白玉霓葡萄

农民在法定产区的土地上辛勤劳作，美丽优雅的葡萄园是干邑人的骄傲，酿酒师会在葡萄成熟时检查它的糖度，并参考天气和温度，以确定采摘的时间。当酒厂在一个好年份获得了想要的葡萄之后，酿酒就开始了（图7.6）。

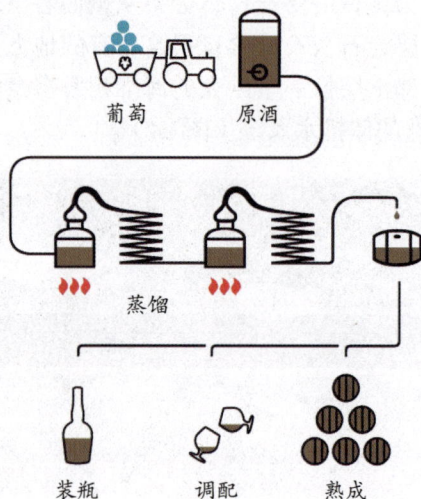

葡萄   原酒

蒸馏

装瓶   调配   熟成

图7.6 酿酒过程

葡萄被碾压出汁水，放入发酵罐中发酵，先是持续7天左右的快速发酵，接着进入勒马罗程序（葡萄酒中的苹果酸转化为乳酸的发酵作用过程）。发酵好的酒液开始进入双重蒸馏过程，第一次蒸馏出来的"粗酒"大约在31度，第二次蒸馏出的"精酒"保持在72度以下。蒸馏结束之后白色的酒液便放入橡木桶中进行陈酿。绝大多数酒厂会先将酒水放入新橡木桶中，最长为一年期再转入旧桶，这样可以使酒水慢慢氧化，扩展复杂的风味成分，尤其是提供单宁酸。法国人认为干邑的陈酿大致分为3个阶段：第1年退去"锅炉味"，并开始染上浅淡的黄色；第2年到第6年开始吸收橡木的味道；第7年至第8年，退去橡木味，开始展露出些微香草气息，变得醇熟生香。

陈酿完成后的酒水被酿酒师取出，与其他酒水进行混合，这一步称为混调。酿酒师要面对一大堆的变量，葡萄产地、橡木桶类型、陈年时间等。这就要求酿酒师不但熟悉各个元素还要具备严苛的审美水平，通过混合不同元素的酒水从而获得自己想要的最佳风味。例如，混合不同产区葡萄所酿造的酒水，抑或是混合不同年份的酒水，每一款白兰地都有严格的混合比例，并经由酿酒师品鉴后才能确定装瓶。

（2）雅文邑

雅文邑制作白兰地的历史比干邑更为悠久，这里地处更靠近内陆的地方，气候比干邑更温暖，产区可以分为上雅文邑区、下雅文邑区、中雅文邑区（又译为特纳特兹）。土壤主要是沙质土、石灰黏土等。

据说当年拿破仑品尝到雅文邑的白兰地，立刻就爱上了它的独特风味，他说："我们都把干邑卖给外国人喝，雅文邑应该留给法国人自己喝。"

雅文邑使用的葡萄主要有4种，即白玉霓、巴高（Baco）、鸽笼白（Colombard）和白福儿（Folle Blanc）。在原料配比上，雅文邑比干邑更加丰富（图7.7）。

图7.7 雅文邑主要使用的葡萄

在蒸馏方式上，雅文邑采用一次性的连续蒸馏，这样蒸馏出的酒水能表现风土的有机物残留更多，其酒精度在50%～60%，这种比较低的酒精度带来一种更为强劲的酒体，要在橡木桶中陈年更久的时间才能获得酿酒师想要的风味。为了突出酒水的个性，雅文邑甚至有单一年份的产品。

由于有很多小酒庄按照自己的理念酿酒，所以有很多风味独特的酒款。但整体上雅文邑的白兰地比干邑的白兰地更具个性、更强烈。

2）白兰地的分类

（1）等级分类

干邑白兰地可以按照陈年时间进行等级分类（图7.8）。

VS，代表"非常特别（Very Special）"，必须陈年两年以上，最年轻的干邑属于这个类别。

VSOP，代表"卓越成年（Very Superior Oldpale）"，必须陈年4年以上。

XO，代表"特级陈酿（Extra Old）"，必须至少陈年6年。

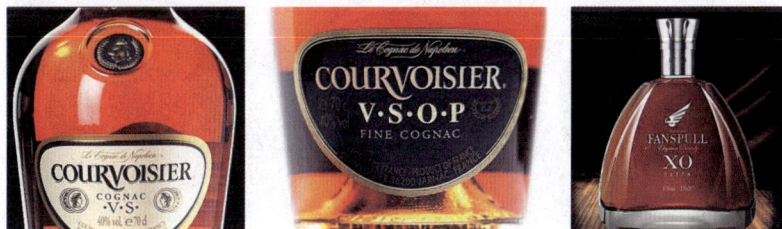

图7.8 白兰地的不同等级

（2）原料分类

①原汁白兰地：将葡萄进行压榨后获得以葡萄汁或葡萄浆为原料，进行发酵、蒸馏、木桶陈年等工序制作的白兰地。

②渣酿白兰地（Marc）：全称为Eaus-De-Viede-Marc，Marc是渣滓的意思，顾名思义其采用的原料为葡萄渣滓，进行发酵、蒸馏、木桶陈年等工序制作的白兰地（图7.9）。这些渣滓可能来自制作葡萄酒时剩下的葡萄残渣，虽然给人一种废物利用比较低端的感觉，但如果是名厂出品，也有一些品质不错的酒款。其特点是会浓缩葡萄的香味，口感更加强劲有力，风格更加狂野。意大利称这种酒为Grappa。

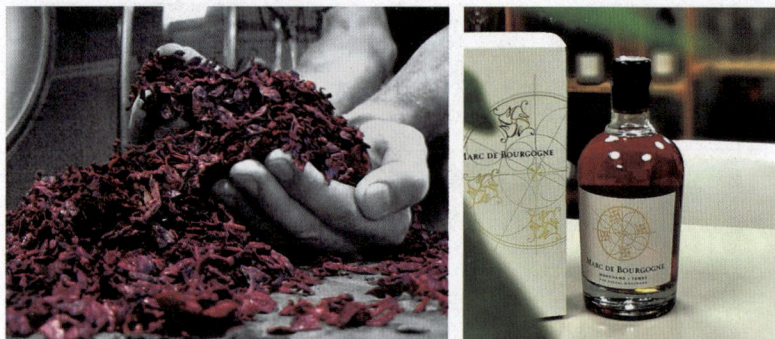

图7.9　葡萄渣滓及渣酿白兰地

③调配白兰地：在原汁白兰地的基础上，加入一定量的食用酒精等调配而成的白兰地。

3）白兰地的品鉴

纯饮白兰地时需要注意3个外界因素：第一，最好选择适宜的环境，光线明亮，空气清新且安静的室内；第二，要选择一个合适的酒杯，专用的无色透明玻璃白兰地酒杯，一般采用阔口型带杯脚的杯子；第三，品尝白兰地时的最佳酒温为20～25 ℃。

纯饮白兰地的步骤可分为3步（图7.10）：第一步，观色，将酒倒入杯中，以35～40 mL为宜，观察其色泽与澄清度，上乘酒液应酒体通透明亮，没有明显的悬浮或沉淀物。第二步，闻香，握酒杯底座，使杯口与鼻子接近，嗅闻白兰地的香气，再轻轻晃动酒杯使酒的香气充分散发出来，然后加盖，用手握杯腹2 min，摇动后再闻香。第三步，品尝，先品尝一小口（约2 mL），含着酒水停留在口腔前部，随后在口腔内旋转运动，使酒液充分与舌头和口腔接触，然后吸气的同时咽下酒水，让口鼻同时感受酒水的精华，最后再用鼻子深闻一次。

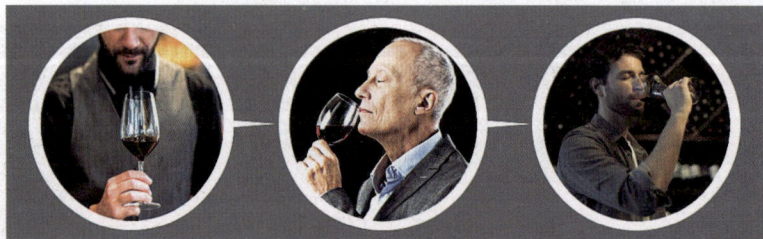

图7.10　白兰地的品鉴

任务3 白兰地的名厂与名酒

（1）马爹利 Martell

马爹利是世界上最著名的白兰地品牌之一，它的历史可以追溯到1715年，在这一年它的创始人Jean Martell用自己的名字命名了第一瓶马爹利。随着生意不断扩展，Jean Martell在干邑购入土地和房产，他寻访干邑的每一个角落找寻优质的酒水，并与当地的种植者建立起深厚的关系，这些珍贵的资产传承至今。作为一个世界级的品牌，马爹利1784年首次出口北美，1851年开始出口澳大利亚，1861年出口中国，1868年出口日本，但稳步扩展的生意却在1880年受到严重的挫折，原因是法国干邑的葡萄园遭受了大规模的葡萄蚜灾害，成片的葡萄死亡，无法继续酿造白兰地。直到多年后找到嫁接葡萄藤的方法马爹利的出口才重新启动。目前，马爹利酒厂传承了8代，成为干邑历史最悠久的企业。

现今的马爹利不但有700 hm²的葡萄园，还与2300家葡萄园主签订合同，他们对葡萄原料的产区进行严格的限制，只从干邑区买入藏酿，而在蒸馏季中，总蒸馏师会直接住在酒厂，以便定期监测每个阶段的进行，这种精益求精的精神使得马爹利成为最受欢迎的白兰地品牌之一。

主要品种包括马爹利鼎盛VSOP、马爹利名士VSOP、马爹利蓝带XO（1912年由爱德华·马爹利精心调制）、马爹利XO（300年家族酿造酒艺术结晶）（图7.11）。

（a）马爹利鼎盛VSOP　（b）马爹利名士VSOP　（c）马爹利蓝带XO（1912年由爱德华·马爹利精心调制）

（d）马爹利XO（300年家族酿造酒艺术结晶）

图7.11　马爹利

（2）轩尼诗 Hennessy

轩尼诗的创始人理查·轩尼诗（Richard Hennessy）是爱尔兰人，1750年作为负责保卫路易十三世的外国军官被派驻干邑，喜欢饮酒的理查·轩尼诗不但自己爱上白兰地，还为故乡的亲友们推荐白兰地。故乡亲朋们对干邑白兰地的喜爱让理查·轩尼诗发现了商机，退役之后他开始在干邑经营酒业。1765年，理查·轩尼诗成立了用自己名字命名的酒厂。而在为酒厂设计标志的时候，他想到自己在当兵期间，曾因战功获得法国皇室颁发的勋章，便将勋章上"握着战斧的手臂"的形象作为酒厂的标志（图7.12）。

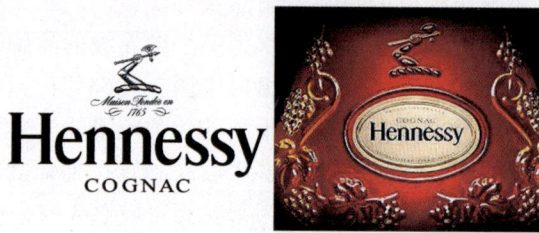

图7.12 标志与外形

1815年法国国王颁发文件，选定轩尼诗为皇室用酒供应商。1817年，英王乔治四世向轩尼诗发出订单，寻求一款完美的淡色陈年干邑，这便是轩尼诗VSOP的由来。1865年，莫里斯·轩尼诗（Maurice Hennessy）按照品质将轩尼诗划分为一星、二星、三星，以便顾客更容易分辨干邑品质，很多年后干邑白兰地同业公会（BNIC，Bureau National Interprofessionnel du Cognac）以此为基础，进一步发展出一系列的缩写分级制，也就是现行的VS、VSOP、XO的级别。1870年，莫里斯·轩尼诗和酒窖主管为了招待亲友调配了馥郁芳香的顶级佳酿，后来将这款私酿公开销售，这就是大名鼎鼎的轩尼诗XO，也是世界上第一瓶XO。现今的轩尼诗已经传承了7代，拥有500 hm²葡萄园与28处蒸馏所，除此之外还签订了20多家葡萄园。为了保证品质，轩尼诗严格选择葡萄，不同蒸馏师制作的酒水经陈年后，由总调配师进行调配。最终酿出的白兰地被称为"男人之水"，这种带有雪茄、巧克力、香草等味道的酒水总能令男人着迷。

主要品种包括轩尼诗VSOP、轩尼诗XO、轩尼诗百乐廷（Paradis）、轩尼诗李察（Richard）（图7.13）。

（a）轩尼诗VSOP　　（b）轩尼诗XO　　（c）轩尼诗百乐廷　　（d）轩尼诗李察（Richard）

图7.13 轩尼诗

（3）人头马 Rémy Martin

人头马的创始人雷米·马丁是干邑本地人。1695年，雷米·马丁出生在一个葡萄园主的家庭，他脚踏实地地经营酒水产业，扩大其葡萄庄园并且意识到预先藏酿白兰地的重要性，这为品牌后期的发展奠定了基础。1850年，继承者Paul Emile进一步将品牌发扬光大，当时人们在一个古战场上发现了一个十分精美的酒瓶，上面刻有皇家百合花饰纹。Paul Emile买下了这只酒瓶，并申请了复制专利，1874年他又注册了半人马神的商标。1927年推出VSOP Fine Champagne酒款，1936年推出了大名鼎鼎的路易十三（Louis XIII），用法国著名巴卡拉玻璃厂的手工水晶玻璃瓶盛装，酒瓶的造型来自当年买下的古战场发现的那个酒瓶。20世纪60年代，人头马建立了现代化产品系统，并将VSOP盛装在磨砂玻璃瓶中。如同其他历史悠久的品牌一样，人头马艰难地走出了葡萄蚜的灾难，经受了历史的动荡，成为白兰地巨头之一（图7.14）。

图7.14　外形与标志

人头马对品质的要求一直都是精益求精，除了对葡萄产地进行严格的要求，进行双重蒸馏这样的常规操作外，他们发现较小的蒸馏器可以取得更具风味的酒液，于是改良了蒸馏器，他们所使用的蒸馏器容积不超过250 L。人头马对木桶的要求格外严格，他们的木桶采用利穆赞地区150年左右树龄的橡木制作，在使用的前3次被认为是新桶。

人头马所有的酒款中，路易十三是值得详细介绍的酒款。其全部的葡萄来自大香槟区，蒸馏后经过严格挑选，选出1200种"生命之水"调配，这些酒水最年轻的需要40年陈酿，最长的超过100年。这样的酒款说是梦寐以求的绝顶珍品也绝不为过。

主要品种包括人头马VSOP、人头马XO、人头马俱乐部（Club）、人头马Extra、路易十三（图7.15）。

（a）人头马VSOP　　　　（b）人头马XO　　　　（c）人头马俱乐部　　　　（c）人头马Extra　　　　（e）路易十三

图7.15　人头马

白兰地品牌众多，还有一些其他品牌也非常优秀，如拿破仑Courvoisier、卡默斯Camus、保罗吉罗Poul Giraud、奥达Otard、德拉曼Delamain、弗拉潘Frapin、墨高Meukow、劳巴德酒庄Chateau de Laubade、夏博Chabot、赛马Samalens、贝尔塔Berta、波利Poli、张裕白兰地。

任务4 白兰地鸡尾酒的调配

（1）边车 Side Car

简介：边车因为它拉风的外形，酷炫的速度让男士们着迷，而以边车命名的鸡尾酒在酒吧中很受欢迎。这是一款富有变化的鸡尾酒，它有着漂亮的泛黄或泛红的琥珀色，口感突出且丰富，是从最初的酸味配方演变而来，但因为加入利口酒，口感更难平衡，所以调制难度更大。截至2006年，巴黎的Ritz（丽兹）酒店销售的边车，是吉尼斯世界纪录中最贵的鸡尾酒，价格为400欧元。

相传这款鸡尾酒在第一次世界大战结束时被首次调制而成，名字是为了纪念一位美国上尉，他喜欢骑着摩托边车在巴黎游玩，调酒师工作时听到边车的声音，便把正在调配的鸡尾酒命名为边车（图7.16）。

边车

凤梨可乐达

图7.16 边车

载具：马天尼杯、碟形香槟杯。

调配方法：调和法。

酒方：白兰地40 mL、君度20 mL、柠檬汁15 mL、柠檬皮卷1个。

制作步骤：

①提前对杯子进行冰杯。

②摇酒器中倒入白兰地、君度、柠檬汁和冰块摇和。

③倒入冰镇过的杯中。

④喷附皮油，并装饰柠檬皮卷。

（2）亚历山大 Alexander

简介：如果你喜欢牛奶和巧克力的味道，就一定不要错过这款鸡尾酒，醇厚的白兰地、甜美的奶油和香浓巧克力味道的甜酒共同打造了这一款鸡尾酒，颇具西式甜品的风格，深受人们的喜爱（图7.17）。

相传这是英国爱德华七世和他妻子亚历山德拉皇后婚礼上的鸡尾酒，作为婚礼用酒，它的口味自然是甜甜蜜蜜，香醇无比，虽然有着男士的名字，但却是适合女士饮用的鸡尾酒。

载具：碟形香槟杯。

调配方法：摇和法。

酒方：白兰地30 mL、棕可可甜酒15 mL、鲜奶油15 mL、豆蔻粉少许。

亚历山大

蜜月

图7.17 亚历山大

制作步骤：

①对酒杯进行冰杯。

②将除豆蔻粉外的所有材料加入雪克壶中，并放入冰块。

③充分摇和后将酒液倒入杯中。

④撒上豆蔻粉即可。

（3）B 对 B B&B

简介：这款酒的名字来自其酒方中的两款酒水，第一个B指的是白兰地（Brandy），第二个B指的是班尼狄克汀（Benedictine）。白兰地特有的风味可以降低班尼狄克汀的甜度，酒水的烈度会增加，这使得B对B的口感又香又浓又醇（图7.18）。

在调酒师的眼中，班尼狄克汀是一款非常好用的香甜酒，它香气不强、口感柔和，可以使酒水增添药草风味，又不会压住其他材料的特色。除白兰地外，还可以搭配其他烈酒，口感也很不错。

20世纪30年代，这款酒在美国纽约的21Club一经推出就获得了众人的好评。这款酒超级好喝，调酒师忙不过来，班尼狄克汀趁势与白兰地酒厂合作，直接推出调配好的瓶装B对B，这种瓶装产品满足了不愿去酒吧的人士，在家里就可以享受B对B的美味。

法兰西集团

B & B

泡泡鸡尾酒

图7.18　B对B

载具：白兰地杯。

调配方法：搅和法。

酒方：白兰地30 mL、班尼狄克汀30 mL。

制作步骤：

①冰杯后将冰倒出，杯中放入新冰块。

②杯中倒入白兰地和班尼狄克汀，搅和均匀即可。

（4）杰克玫瑰 Jack Rose

简介：杰克玫瑰（图7.19）从酒名开始就散发着浪漫气息，漂亮的橙红色让人联想到鲜嫩的玫瑰花瓣，苹果白兰地的香醇搭配红石榴糖浆甜美，再加上一点点酸，不就是爱情的味道吗？

这款鸡尾酒无论是从名字还是颜色和口味上来讲，都非常适合气质高雅的女士饮用。

载具：香槟杯。

调配方法：摇和法。

酒方：苹果白兰地30 mL、酸橙汁30 mL、红石榴糖浆15 mL。

杰克玫瑰

柚子边车

图7.19　杰克玫瑰

制作步骤：

①冰杯。

②将原料倒入雪克壶中，将酒液摇和均匀。

③将酒液倒入酒杯中即可。

鸡尾酒调制学习任务书——白兰地及白兰地鸡尾酒调制

课程开始：请同学们明确教学目的与本节课重难点。

1. 在本节课需要掌握什么？ _____。

2. 本节课的难点是什么？ _____。

3. 本节课的重点是什么？ _____。

学习活动 1：夯实基础

任务描述（可能的工作场景）：

1. 作为酒店一名有经验的酒水推销员，请你为金色酒吧的客人推荐一款合适的白兰地。

2. 西餐厨房的总厨正在研究开发一款新的菜品，需要搭配一款白兰地酒，请你就菜品特色推荐一款合适的白兰地。

任务分解：

1. 请以小组为单位在网络上搜索白兰地的相关知识，包括酒水历史，酒水种类、酿酒原料、酿酒工艺、酒水特色及酒水配餐等。

酒水历史：_____

_____

_____

酒水种类：_____

酿酒原料：_____

酿酒工艺：_____

_____

酒水特色：_____

_____

_____

酒水配餐：_____

2. 请以小组为单位在网络上尽可能多地查找白兰地的品牌，并了解品牌特色及售价。

3. 盘点实训室的白兰地库存，了解其品牌、特色及售价。

4. 品鉴白兰地，并了解其酒水特色。

5. 请你根据以上任务分解步骤完成以下品酒记录表（如果表格不够请自行增加）。

序号	酒水名称	所属品牌	相关内容（历史、类别等）	售 价	酒水特色（品鉴后填写）
1					
2					
3					
4					
5					
6					
7					
8					

学习活动 2：基础技能

任务描述（可能的工作场景）： 你在一家酒店的特色酒吧工作，来酒吧喝酒的客人点了一杯边车，而这款鸡尾酒由你进行调配。

任务分解：

1. 明确边车的相关知识，包括由来、酒方、载具、调配方法、装饰。
2. 完成调配方法的基础练习。
3. 完成边车调配，展示你的作品。

学习活动 3：基础技能

任务描述（可能的工作场景）： 你在一家酒店的特色酒吧工作，来酒吧喝酒的客人点了一杯亚历山大，而这款鸡尾酒由你进行调配。

任务分解：

1.明确亚历山大的相关知识，包括由来、酒方、载具、调配方法、装饰。

2.完成调配方法的基础练习。

3.完成亚历山大调配，展示你的作品。

学习活动 4：基础技能

任务描述（可能的工作场景）：你在一家酒店的特色酒吧工作，来酒吧喝酒的客人点了一杯B对B，而这款鸡尾酒由你进行调配。

任务分解：

1.明确B对B的相关知识，包括由来、酒方、载具、调配方法、装饰。

2.完成调配方法的基础练习。

3.完成B对B调配，展示你的作品。

学习活动 5：基础技能

任务描述（可能的工作场景）：你在一家酒店的特色酒吧工作，来酒吧喝酒的客人点了一杯杰克玫瑰，而这款鸡尾酒由你进行调配。

任务分解：

1.明确杰克玫瑰的相关知识，包括由来、酒方、载具、调配方法、装饰。

2.完成调配方法的基础练习。

3.完成杰克玫瑰调配，展示你的作品。

学习活动 6：高阶技能

任务描述（可能的工作场景）：客人在品尝过传统白兰地鸡尾酒后，要求品尝一款你们酒吧特色的白兰地鸡尾酒，而这款鸡尾酒由你进行调配。

任务分解：

1.你可以按照以下思路来设计一款鸡尾酒。

（1）在原有配方上进行更改。

（2）使用鸡尾酒调配公式。

①（Highball）基酒＋软性饮料。

②（Sour）酒＋酸＋甜。

③（Old Fashioned）烈酒＋甜＋水＋苦精。

④（Daisy）混合烈酒＋红石榴糖浆＋酸味果汁＋苏打水。

⑤（Punch）酒＋糖＋柠檬＋水＋茶或香料。

（3）设计口味。

①少女模式：酸酸甜甜，没酒味。

②硬汉模式：酒精浓度高，偏苦偏甜。

（4）选择特定的元素进行设计。

（5）符合特定场景饮用的鸡尾酒设计。

2.你可以在以下资源里寻找灵感。

参考书目：《调好一杯鸡尾酒》《鸡尾酒世界》《鸡尾酒笔记》。

请以小组为单位将设计的鸡尾酒写在下面，要写明使用场景、设计思路、主打人群、酒方、调制过程。

使用场景：＿＿＿＿＿＿＿＿＿＿＿＿＿＿＿＿＿＿＿＿＿＿＿＿＿＿＿＿

设计思路：＿＿＿＿＿＿＿＿＿＿＿＿＿＿＿＿＿＿＿＿＿＿＿＿＿＿＿＿

＿＿＿＿＿＿＿＿＿＿＿＿＿＿＿＿＿＿＿＿＿＿＿＿＿＿＿＿＿＿＿＿＿＿

主打人群：＿＿＿＿＿＿＿＿＿＿＿＿＿＿＿＿＿＿＿＿＿＿＿＿＿＿＿＿

酒方：＿＿＿＿＿＿＿＿＿＿＿＿＿＿＿＿＿＿＿＿＿＿＿＿＿＿＿＿＿＿

调制过程：＿＿＿＿＿＿＿＿＿＿＿＿＿＿＿＿＿＿＿＿＿＿＿＿＿＿＿＿

＿＿＿＿＿＿＿＿＿＿＿＿＿＿＿＿＿＿＿＿＿＿＿＿＿＿＿＿＿＿＿＿＿＿

＿＿＿＿＿＿＿＿＿＿＿＿＿＿＿＿＿＿＿＿＿＿＿＿＿＿＿＿＿＿＿＿＿＿

请以小组为单位将设计稿画在展示纸上。

课程总结：（请将你本节课所学到的知识写在横线上）

_____

_____

任务书完成打分

姓　名	分　数

项目8

其他酒水和
鸡尾酒的调配

知识目标

1. 了解各款酒水的定义、历史及品牌故事。

2. 掌握各款酒水的色泽、香气及口味特点。

3. 掌握各款酒水适合调配的鸡尾酒。

技能目标

1. 掌握各款酒水的品鉴方法。

2. 掌握多种鸡尾酒调配的技能技法，能够熟练地应用各种技法调配鸡尾酒。

素质目标

1. 通过对各类酒水知识的学习，开阔学生的眼界，培养学生的生活情趣和热爱生活的态度。

2. 通过调酒技能的训练，培养学生的综合素质，培养学生的社会责任感，在本职岗位上尽心尽力。

推荐课时：8课时。

（1）中国酒 Chinese Liquor

中国酒的历史悠久，有很多文献都记录了中国人在很早之前就开始酿酒。据载"酒之所兴，肇自上皇，一曰仪狄，一曰杜康，有饭不尽，委余空桑，郁积成味，久蓄气芳。本出于此，不由奇方"。在战国《世本·作篇》云："仪狄始作酒醪、辨五味。"《战国策》载曰："昔者，帝女令仪狄作酒而美，进之禹，禹饮而甘之，曰：后世必有饮酒而亡国者。遂疏仪狄而绝旨酒。" 中国酒在千年的实践和传承中发展出了种类繁多的酒款，酿造酒和蒸馏酒中各有极其著名的酒款。本书在有限的篇幅中仅作简介。

中国蒸馏酒可大致按照香型进行分类，有酱香型（代表品牌茅台）、浓香型（代表品牌五粮液、泸州老窖、剑南春、古井贡）、清香型（代表品牌汾酒、老白干）、米香型（代表品牌广东长乐烧、桂林三花酒）和兼香型（代表品牌董酒）（图8.1）。

图8.1 中国酒

以中国酒为基酒的鸡尾酒

名称：龙溪。

载具：高球杯。

调配方法：直调法。

酒方：古越龙山黄酒20 mL，生姜、汽水适量，冰块适量，姜片装饰。

（2）君度 Cointreau

这是一款具有明显柑橘特色的力娇酒，酒精度40%。君度酒厂诞生于1849年，经过多年的探索，找到了最佳的配方，那种苦涩中带甘甜的强烈对比以及让人着迷的柑橘香气，都使它成为最常用的鸡尾酒配酒。在所有的原料中，加勒比海岛屿上的一种柑橘是最为重要的。这种柑橘的果肉不好吃，但果皮却有着卓越的芬芳。

在大航海时代，荷兰人为了维持长时间的酒水保存，便将各种药材、香料、水果浸泡到酒水中，后来逐渐发展成香甜酒的形式，欧洲人便将在加勒比海库拉索岛发现的柑橘皮制作香甜酒，后来以橙皮为调味的香甜酒就被称为库拉索酒（Curacao Liqueur）。君度是库拉索酒中的一种（图8.2）。

图8.2 君度
君度调配的鸡尾酒

名称：巴拉莱卡。

载具：碟形香槟杯。

调配方法：摇和法。

酒方：伏特加30 mL、君度15 mL、柠檬汁15 mL。

（3）蒂萨诺 Disaronno

蒂萨诺是一款风味极其突出的杏仁甜酒，让人一入口就能被那迷人的杏仁味道所俘获，更为迷人的是它背后的爱情故事。1524年，文艺复兴时期有一个著名的画家伯纳迪诺·卢伊尼（Bernardino Luini），据说他与达·芬奇在一起工作过，深受达·芬奇的影响，伯纳迪诺·卢伊尼曾受托在意大利萨隆诺（Saronno）教堂绘制壁画，他住宿的那家旅店有位美丽的老板娘，充满艺术浪漫气息的画家就以她的形象画出圣母玛利亚，在绘画过程中两人互生爱意，美丽的老板娘用杏仁和香料调和白兰地送给画家品尝。据厂家说他们拿到了老板娘的原始配方，这款秘密配方一代代传承下来，就成了如今的蒂萨诺。蒂萨诺背后浪漫的爱情故事，被很多人戏称为教堂背后的爱神（图8.3）。

图8.3 帝萨诺
帝萨诺调配的鸡尾酒

名称：优雅玛丽。

载具：高脚杯。

调配方法：摇和法。

酒方：伏特加15 mL、帝萨诺30 mL、鲜奶油15 mL。

（4）金巴利 Campari

金巴利是一款颜色鲜红的苦酒，1842年，它的创始人加斯帕利·金巴利（Gaspare Campari）在意大利西北部的诺瓦拉当服务生。金巴利细致地观察客人的饮酒偏好，经过长久的尝试终于找到了令他满意的配方。他用60多种药材、香料和水果制成了色泽鲜红，有着鲜明且开胃的苦感的酒水，20世纪60年代，酒水品牌负责人在米兰大教堂旁边经营了一家酒馆，这款极具特色的酒水销量极好，后来决定用创始人的名字命名这款酒水（图8.4）。

图8.4 金巴利

金巴利调配的鸡尾酒

名称：泡泡。

载具：飓风杯。

调配方法：摇和法。

酒方：金巴利60 mL、葡萄柚汁120 mL、苏打水适量、葡萄柚皮卷装饰。

（5）啤酒 Beer

啤酒是以谷物（最常使用的谷物为麦芽）、酵母、水和啤酒花酿造而成的低度酒。按照发酵方法分为艾尔和拉格，这种被誉为"液体面包"的酒水含有大量的营养，且能量不低。啤酒在全世界范围内都有出产，但以德国出产的啤酒最为出名，而美国产的啤酒则因酿造原料的选择更为"自由"，具有独特的口感。在中国青岛和哈尔滨都有品质优质的啤酒品牌。啤酒的生产方式很多，有标准化大规模化的超级工厂，也有产量极低极具个人风格的小酒坊精酿，可以满足不同人对啤酒的需求。

啤酒的历史十分悠久，它最早出现在美索不达米亚（现今为伊拉克），是苏美尔人最开始酿造原始的啤酒，而中国的啤酒历史却很短，仅有百余年。1900年俄国人在哈尔滨建立了第一家啤酒厂，1903年在青岛建立英德啤酒公司（现今为青岛啤酒厂）。1904年哈尔滨东北三省啤酒厂投产（中国人自建）。最开始多数中国人并不能接受啤酒的风味，啤酒主要是满足入侵中国的外国人，现今中国已经是啤酒的最大消费市场之一（图8.5）。

图8.5 啤酒

啤酒调配的鸡尾酒

名称：红色眼睛。

载具：啤酒杯。

调配方法：直调法。

酒方：番茄汁1/2杯、啤酒1/2杯。

（6）玛拉斯奇诺 Maraschino

玛拉斯奇诺（图8.6）是一款黑樱桃酒，它的历史可以追溯到16世纪，彼时克罗地亚扎达尔市的修道院中有一种名为Marasca的黑樱桃，这种黑樱桃口感偏酸，直接吃没有很好的口感，僧侣们便用这种黑樱桃制作药草酒，最早称为Rosolj，后来经过反复改进，生产出了浓郁香甜的酒款，取名Maraschino。

图8.6 玛拉斯奇诺

玛拉斯奇诺调配的鸡尾酒

名称：玛丽·毕克馥。

载具：马天尼杯。

调配方法：摇和法。

酒方：朗姆酒60 mL、菠萝汁45 mL、红石榴糖浆10 mL、玛拉斯奇诺1tsp、糖渍樱桃1个。

（7）查尔特勒 Chartreuse

查尔特勒是一款药草酒，又称蓖麻酒，但没有证据表明这款酒里有蓖麻成分，可能仅是翻译错误或习惯。这款有着草药酒之王称号的酒起源于1605年，法国元帅向巴黎附近的一家修道院呈上了一份记载长生不老药秘方的炼金术手稿，这一手稿最终被呈献至Grande Chartreuse修道院。1737年修道士Frére Jérome Maubec调整了配方，制作出了医疗用途的药酒。1764年修道院开始对外销售这款酒。法国大革命期间修道士被驱离法国，查尔特勒停产。1838年修道院又制作出较为清淡的黄色查尔特勒。20世纪初修道士再度被驱离修道院，他们辗转到西班牙继续生产，同时获得Chartreuse修道院资产的公司开始售卖查尔特勒，但所有试图重现配方的尝试都失败了，失去原本风味的查尔特勒销售惨淡直到破产。当地商人团体买下酒厂还给修道士，酒厂于1935年重建，第二次世界大战后驱逐令结束，修道院才得以合法地生产查尔特勒（图8.7）。

图8.7 查尔特勒

查尔特勒调配的鸡尾酒

名称：阿拉斯加。

载具：马天尼杯。

调配方法：搅和法。

酒方：金酒75 mL、查尔特勒（黄）15 mL、柑橘苦精1Dash、柠檬皮油适量、柠檬皮卷装饰。

（8）廊酒 Benedictine

廊酒又名班尼狄克汀、DOM，它有着淡淡的茴香、薄荷、蜂蜜的味道，口感绝佳。据说它诞生于1863年，法国一个葡萄酒商在家族图书馆的偏僻角落发现了一份尘封已久的手稿，认真研究后发现这竟然是1510年传奇僧侣Dom Bernardo Vincelli的关于制作长生不老药的手稿，酒商反复尝试之后才制作出这款廊酒，它包括27种秘密材料。因为Dom Bernardo Vincelli的虔诚信仰，所以这款酒被誉为"献给至高无上的神"，即其商标上DOM（Deo Optimo Maximo）的来源（图8.8）。

图8.8　廊酒

廊酒调配的鸡尾酒

名称：B对B。

载具：白兰地杯。

调配方法：直调法。

酒方：白兰地30 mL、廊酒30 mL。

（9）葡萄酒 Wine

葡萄酒是以葡萄为原料酿造而成的酒水。葡萄酒的风味涉及很多要素，如葡萄品种、风土、年份、酿造工艺、储存等（图8.9）。

图8.9　葡萄酒

　　葡萄酒的历史非常悠久。人类采摘野生葡萄酿酒的历史可以追溯到史前，在距今至少6000年前，外高加索地区生活的人们开始种植葡萄，酿造葡萄酒。苏美尔文明是最早开始酿造葡萄酒的古文明之一，公元前3000多年前，他们用人工灌溉的方式开辟葡萄园，酿造葡萄酒。距今4000多年前，通过克里特岛上的迈诺安人，葡萄及葡萄酒的酿造技术自埃及传入希腊。希腊之后的罗马帝国在横扫欧洲的同时将葡萄的种植传播到欧洲各地，几乎现在欧洲主要的葡萄园在罗马时期就已经建立。到了中世纪，欧洲的葡萄酒文化伴随着新大陆的发现传播到美洲各地。16世纪中期，墨西哥以及南美阿根廷等地酒厂开始酿造葡萄酒，美国加州以及澳大利亚等地则直到18世纪末才开始葡萄酒的酿制。

　　生产葡萄酒的历史长短不同，葡萄酒的生产国家被分为旧世界国家和新世界国家，其中法国、意大利、西班牙等最早开始酿制葡萄酒的国家属于旧世界国家，而美国、阿根廷等后来才开始酿造葡萄酒的国家属于新世界国家。葡萄酒大致可以分为红葡萄酒、白葡萄酒、气泡酒和加烈葡萄酒。

　　全球主要的黑色酿酒葡萄包括赤霞珠（Cabernet Sauvignon）、黑皮诺（Pinot Noir）、西拉（Syrah）、梅洛（Merlot）、品丽珠（Cabernet Franc）、加美（Gamay）、马尔贝克（Malbec）。

全球主要的白色酿酒葡萄包括霞多丽（Chardonnay）、雷司令（Riesling）、长相思（Sauvignon Blanc）、赛美蓉（Semillon）、白诗南（Chenin Blanc）、灰皮诺（Pinot Gris）。

葡萄酒调配的鸡尾酒

名称：桑格利亚。

载具：大酒壶搭配高球杯。

调配方法：直调法。

酒方：红葡萄酒750 mL、白兰地180 mL、柑曼怡90 mL、柠檬汁60 mL、柳橙汁180 mL、纯糖浆120 mL、水果切片适量。

（10）日本酒 Japanese Liquor

日本酒有四大酒款，即熏酒、爽酒、醇酒和熟酒。熏酒有花果般的清雅香气，是富有香气的酒款，以甜美的花果香为特征。爽酒是轻快与清爽的酒款，具有淡丽辛口的清新魅力，属于轻松且容易品饮的酒款。醇酒是日本酒的原点也是最传统的酒款，具有丰富的米香，味道浓郁且厚实。熟酒经过数年时间的熟成，呈现金黄色，属于价值高的稀有日本酒，酒精浓度、酸度、甜度都偏高。

日本酒有自己专属的特定名称，是以酒税的规定与酒行业的相关法律为依据，如大吟酿、纯米吟酿、本酿造等。

大吟酿要求精米步合50%以下（一粒米削去外层含脂质与蛋白质等会为酒水带来杂质的部分，削磨后所剩的比例就是精米步合），吟酿等级要求精米步合60%以下。纯米酒类表示酿造原料中没有添加酿造酒精，本酿造类表示有添加规定内的酿造酒精（图8.10）。

图8.10 日本酒

日本酒调配的鸡尾酒

名称：日本米酸酒。

载具：酸酒杯。

调配方法：直调法。

酒方：日本米酒30 mL、苏打水20 mL、加勒比天然糖浆1tsp、柠檬适量。

（11）柑曼怡 Grand Marnier

柑曼怡本质上是一款库拉索酒，它具有明显的柑橘特色。1827年，法国诺夫勒堡建立了一家制作水果利口酒的酒厂，后来酒厂创始人的孙女嫁给了路易-亚历山大·马尼尔（Louis-Alexandre Marnier-Lapostolle）。1880年，路易用来自加勒比海的苦橙与名贵的法国陈年干邑完美调配，经过两次陈化后，制作出一款口感极佳的酒。这款命名为Curacao Marnier（属于库拉索酒，也是由Marnier制作的）。路易的朋友在品尝之后觉得这酒的口感真的太好了，超过了所有的库拉索，他认为普通的名字配不上这款酒，就为它改名为柑曼怡（Grand Marnier中的"Grand"有"伟大"之意）（图8.11）。

图8.11　柑曼怡

柑曼怡调配的鸡尾酒

名称：拉奇蒙特。

载具：马天尼杯。

调配方法：摇和法。

酒方：朗姆酒60 mL、柑曼怡20 mL、柠檬汁20 mL、纯糖浆10 mL、柠檬皮油适量、柠檬皮卷装饰。

（12）莫扎特 Mozart

莫扎特酒是一款巧克力酒（可可酒），它诞生于1954年的萨尔茨堡，也就是著名音乐家莫扎特的故乡。与追求多元化生产的酒厂不同，莫扎特酒厂只生产巧克力酒，对品质的要求非常高，强调只使用天然原料，不掺加任何添加剂和人工香料。同一种酒款的巧克力酒通常会有两种颜色：一种是深棕色酒液的Dark Cacao Liqueur款；另一种是透明酒液的Blanc（White）Cacao Liqueur款。这两种色泽的酒水口味通常差别不大，在调配鸡尾酒时主要是按照颜色需求来选择酒款（图8.12）。

图8.12 莫扎特酒

莫扎特调配的鸡尾酒

名称：巧克力马天尼。

载具：马天尼杯。

调配方法：摇和法。

酒方：伏特加45 mL、莫扎特60 mL、可可粉适量。

（13）甘露酒 Kahlua

甘露酒又称为卡鲁哇，这是一款咖啡酒。1930年，塞纳·比安科在朗姆酒中加入咖啡豆制成朗姆酒。朗姆酒以糖蜜为原料制成，本身就有蜜糖酒的说法，再加上咖啡豆，可见这款酒的口感有多好。后来化学家蒙塔尔沃·劳拉（Montalvo Lara）改良了制作过程与配方，专业人士的参与让这款酒更优良，甘露酒就这样诞生了。这款酒采用墨西哥维拉克鲁斯州生产的甘蔗与阿拉比卡咖啡豆制作，装瓶前再经过8周的陈放让材料融合。它在朗姆酒醇厚的口感映衬下，能够轻易品尝出其中的咖啡、香草荚搭配焦糖风味，宛如甜品一样的口感备受市场欢迎（图8.13）。

图8.13 甘露酒

甘露酒调配的鸡尾酒

名称：启示录。

载具：古典杯。

调配方法：搅和法。

酒方：龙舌兰酒40 mL、甘露酒20 mL。

（14）野格 Jagermeister

野格是一款药草酒，有人品尝后觉得很像止咳水。其实它最早就是一瓶止咳水，创始人柯特·麦斯特是一位猎人，他在酒里添加了许多缓解呼吸道症状和帮助消化的药草，效果很好又十分适口。猎人们外出打猎的时候可以作为保健品随身携带。为了更好地销售自己的这款鹿头牌药酒，便想到将自己的酒与一个传说联系起来。据说在7世纪末，圣·胡伯特斯（Saint Hubertus）的妻子难产过世，无比悲痛的他离开宫廷到阿登森林隐居并沉迷于狩猎，甚至连耶稣受难日也照常去打猎，在静谧的森林中胡伯特斯发现了一头健壮的公鹿，他锲而不舍地追逐着自己的目标，就在他准备放箭的瞬间，公鹿突然转身对他开口说话："胡伯特斯，快放下你手中的箭，信仰主、服侍主，过圣洁的生活，好好修行吧，否则你一定会下地狱的。"胡伯特斯听到公鹿居然开口说话，并且头上还有发着圣光的十字架（野格的商标就是鹿头上有十字架的形象），吓得跪在地上请求神的原谅，受到感召后他跟随主教修行，放弃爵位并将所有财产捐献给穷人，死后被尊为猎人的守护神。有着这样的传奇作为背景，加之口感超好，野格成为畅销全世界的药草酒（图8.14）。

图8.14 野格

野格调配的鸡尾酒

名称：野格炸弹。

载具：烈酒杯搭配高球杯（炸弹杯组合）。

调配方法：炸杯法。

酒方：野格满杯，姜汁、汽水适量。

（15）百丽甜酒 Bailey's

百里甜酒是一款爱尔兰奶酒（泛指以爱尔兰威士忌混合鲜奶油制作的香甜酒），分解一下其中的要素就会发现这是以女性口味研发的酒款。长久以来酒类产品瞄准的都是男性市场，酒水的风味也偏向满足男性的喜好。后来女性消费市场崛起，酒商们敏锐地发现了这一变化。1971年，帝亚吉欧集团的子公司爱尔兰吉尔比锁定女性客户研发香甜酒，他们尝试将鲜奶油加入威士忌中，以改善其辛辣的口感，在解决了无数难题之后，百丽甜酒于1974年上市，一经面世就受到市场的追捧（图8.15）。

图8.15　百丽甜酒

百丽甜酒调配的鸡尾酒

名称：B52。

载具：烈酒杯。

调配方法：直调法。

酒方：甘露酒20 mL、百丽甜酒20 mL、柑曼怡20 mL。

B52

调酒相关名词中英文对照

杯具中英文词汇	
中文	英文
啤酒杯	Beer mug
白兰地酒杯	Brandy glass
水晶酒杯	Crystal glass
鸡尾酒杯	Cocktail glass
香槟酒杯	Champagne glass
甜酒露杯	Cordial glass
柯林杯	Collins glass
波尔多葡萄酒杯	Claret glass
碟形香槟杯	Champagne saucer
水果杯	Fruit cup
矮脚杯	Footed glass
高脚水杯	Goblet
海波杯	Highball glass
利口酒杯	Liqueur glass
调酒杯	Mixing glass
量杯	Measuring glass
玛格丽特酒杯	Margarita glass
有耳大啤酒杯	Mug
古典酒杯、老式杯	Old-fashioned glass
红葡萄酒杯	Red wine glass
烈性酒杯	Spirit glass
酿酒杯	Sour glass
雪莉酒杯	Sherry glass
短饮杯	Short glass
平底玻璃杯	Tumbler glass
锥形酒杯	Tapered glass
郁金香形香槟酒杯	Tulip champagne
葡萄酒杯	Wine glass
威士忌酒杯	Whiskey glass
白葡萄酒杯	White wine glass

续表

杯具中英文词汇	
茶杯	Tea cup
茶碟	Tea saucer
咖啡杯	Coffee cup
咖啡碟	Coffee saucer
（盛放中国白酒用的）酒盅	Wine cup
酒壶	Flagon
皮尔森杯	Pearson glass
品特杯	Pint cup
一次性杯	Disposable cups
工具中英文词汇	
醒（滗）酒器	Decanter
烟灰缸	Ashtray
开瓶器	Bottle opener
酒吧高凳	Bar stool
酒吧匙	Bar spoon
酒吧用长叉	Bar fork
酒吧用刀	Bar knife
香槟桶	Champagne bucket
开罐器	Can opener
雪糕勺	Cream dipper
杯垫	Coaster
清洁用具	Cleaning equipment
切板	Cutting board
香槟酒桶	Champagne cooler
漏斗	Funnel
擦杯布	Glass clothes
玻璃小碟	Glass saucer
冰夹	Ice tong
冰勺	Ice scoop
冰刨	Ice shaver

续表

工具中英文词汇	
冰插	Ice pick
冰桶	Ice bucket
量酒杯	Jigger
柠檬榨汁器	Lemon squeezer
调酒棒	Mixing stirrer
量酒器	Measures
奶勺	Milk spoon
起子	Opener
宾治盆	Punch bowl
纸巾	Paper napkin
榨汁机	Presser
吸管	Straw
不锈钢水壶	Stainless steel water jug
糖盅	Suger bowl
过滤器	Strainer
调酒壶	Shaker
榨汁器	Squeezer
托盘	Serving tray
牙签筒	Tooth pick holder
水扎	Water jug
葡萄酒篮	Wine basket
小水池	Washing basin
剥皮器	Zester
雪茄剪	Cigar cutter
杯盖	Bowl cover
吧垫	Bar mat
碾棒	Muddler
口布	Napkin
一次性手套	Polyethylene glove or PE glove
口罩	Respirator

续表

工具中英文词汇	
结账夹	Check folder
酒水订单	Captain order
茶水单	Tea list
葡萄酒单	Wine list
打火机	Lighter
汽油金属打火机	Zippo
火柴	Matches
菜单	Menu
台卡	Table card
香烟	Cigarette
名片	Business card
酒瓶塞	Wine stopper
小吃碟	Snack saucer
葡萄酒架	Wine shelf
温度计	Temperature gauge
葡萄酒保温柜	Wine cabinet
账单	Bill
刷卡机	POS（point of sale）
发票	Invoice
调料瓶	Apothecary jar
无线网络	Wi-Fi
冰箱	Bar refrigerator
吧台	Bar counter
搅拌机	Blender
电动饮料机	Electronic dispensing system
上霜机	Class chiller
苏打枪	Soda gun
制冰机	Ice maker
冷藏柜（冰箱）	Refrigerator
雪茄保湿柜	Cigar cabinets

续表

工具中英文词汇	
扎啤机	Draught beer machine
空调	Air conditioner
微波炉	Microwave oven
咖啡机	Coffee machine
热水器	Water heater
酒水中英文词汇	
蛋黄酒	Advocaat
麦芽酒	Ale
杏仁酒	Almond
茴香酒	Anisette
开胃酒	Aperitif
杏子白兰地	Apricot brandy
百家得朗姆酒	Bacardi（rum）
啤酒	Beer
法国产修士酒	Benedictine
酒水、饮料	Beverage
苦柠檬水	Bitter lemon
比特酒	Bitters
美国波本威士忌	Bourbon whiskey
黑加仑子酒（餐后甜酒）	Cassis
香槟酒、香槟地区	Champagne
法国产修道院酒（餐后甜酒）	Chartreuse
樱桃白兰地	Cherry brandy
樱桃甜酒	Cherry heering
法国干邑区产的白兰地酒	Cognac
可可甜酒	Creme de cacao
咖啡甜酒	Creme de cafe
薄荷酒	Creme de menthe
深色（黑）朗姆酒	Dark rum
蒸馏水	Distilled water

续表

酒水中英文词汇	
生啤酒	Draught beer
饮料	Drink
意大利特浓咖啡	Espresso coffee
一种淡色的雪利酒	Fino
法国葡萄酒	French wine
红石榴糖浆	Grenadine syrup
德国葡萄酒	German wine
金酒、杜松子酒、琴酒	Gin
餐后甜酒（用橘皮制作，法国干邑产）	Grand marnier
葡萄汁	Grape juice
西柚汁	Grapefruit juice
蜜糖	Honey
爱尔兰咖啡	Irish coffee
茴香型餐后甜酒（产于法国、荷兰）	Kummel
底部发酵的啤酒	Lager
柠檬味汽水	Lemonade
青色柠檬	Lime
黄色柠檬	Lemon
餐后甜酒（烈性）	Liqueur
长饮	Long drink
马德拉酒（甜品酒的一种）	Madeira
麦芽	Malt
纯麦芽威士忌	Malt whiskey
樱桃餐后甜酒	Maraschino
半干红酒	Medium dry
绿薄荷酒	Peppermint
烈酒	Spirit
葡萄酒	Wine
酒精	Alcohol
鸡尾酒	Cocktail

续表

酒水中英文词汇	
汽酒	Sparkling wine
雅文邑（法国雅文邑区产的白兰地）	Armagnac
碳酸饮料	Carbonated beverage
矿泉水	Mineral water
果汁	Juice
茶	Tea
低因咖啡	Decaffeinated coffee
速溶咖啡	Instant coffee
红茶	Black tea
绿茶	Green tea

R E F E R E N C E S

参考文献

[1] 瘾型人. 鸡尾酒世界[M]. 北京：中国轻工业出版社，2019.

[2] 乔艾尔·哈里逊，尼尔·雷德利. 世界烈酒轻松入门[M]. 味道笔记本，汪海滨，卢雪君，译. 上海：上海三联书店，2019.

[3] 上田和男. 洋酒笔记[M]. 王芳，译. 北京：北京美术摄影出版社，2015.

[4] 上田和男. 鸡尾酒笔记[M]. 王芳，译. 北京：北京美术摄影出版社，2015.

[5] 克劳斯·圣·莱纳. 鸡尾酒调酒的艺术[M]. 田芙蓉，译. 北京：中国轻工业出版社，2017.

[6] 卢·布莱森. 威士忌品饮全书[M]. 魏嘉仪，译. 台北：积木文化，2018.

[7] 尼古拉斯·费尔. 干邑白兰地[M]. 古炜耀，译. 广州：南方日报出版社，2009.

[8] 隋肖左. 名酒品鉴[M]. 北京：中国青年出版社，2011.

[9] 郭慕，周小芮. 调好一杯鸡尾酒[M]. 北京：中国轻工业出版社，2019.

[10] 中国就业培训技术指导中心. 调酒师[M]. 北京：中国劳动社会保障出版社，2016.